工业遗产保护

筒仓活化与再生

刘抚英 著

中国建筑工业出版社

图书在版编目（CIP）数据

工业遗产保护——筒仓活化与再生／刘抚英著．—北京：中国建筑工业出版社，2017.11

ISBN 978-7-112-21446-4

Ⅰ．①工… Ⅱ．①刘… Ⅲ．①筒仓－工业建筑－文化遗产－保护 Ⅳ．①TU249.9

中国版本图书馆CIP数据核字（2017）第266339号

责任编辑：郑淮兵　王晓迪
责任校对：王宇枢　芦欣甜

工业遗产保护——筒仓活化与再生
刘抚英　著

*

中国建筑工业出版社出版、发行（北京海淀三里河路9号）
各地新华书店、建筑书店经销
北京锋尚制版有限公司制版
北京顺诚彩色印刷有限公司印刷

*

开本：880×1230毫米　1/32　印张：4¾　字数：203千字
2017年11月第一版　2017年11月第一次印刷
定价：58.00元
ISBN 978－7－112－21446－4
（31017）

本书为国家自然科学基金面上项目“长三角地区工业遗产保护与再利用策略谱系研究”（项目号：51378470）部分研究成果。

目 录

第1章 背景与概况

1.1 筒仓分类

筒仓一般是指用来储存散粒物料的立式容器[①]。本书中，筒仓也包含专门用于存储流体物料的储罐。另外，由于土圆仓具有圆筒形形体和空间形态，本书将土圆仓作为一种特殊类型的筒仓也纳入研究范畴中。

筒仓的类型可以分别按照筒仓功能、仓体高度与内径比、结构材料和平面形式等进行划分，分类如下。

（1）按筒仓功能分类

根据储存物料类型，本书中筒仓的功能类型主要包括粮仓（面粉仓、麦仓、谷仓、米仓等）、盐仓、水泥仓、石灰仓、煤仓，以及储存流体的油仓、水仓（包括污水处理仓）等。

（2）按仓体高度与内径比分类

按仓体计算高度与内径之比，筒仓可分为浅仓和深仓，比值小于1.5为浅仓，大于1.5为深仓。调查表明，现存筒仓主要为单筒浅筒仓和多筒高（深）筒仓。前者多采用砖混结构；后者则多为钢筋混凝土结构，由几个或几十个筒仓按一定的平面形式组成[②③]。

在该分类模式中，本书将把夯土、砖石建造的土圆仓纳入筒仓的类型范畴。

（3）按结构材料分类

筒仓按结构材料可分为钢筋混凝土筒仓、砖筒仓、钢板筒仓、钢丝网水泥筒仓、草泥结构土圆仓等。钢筋混凝土筒仓具有容量大、坚固耐用、抗震性好、节约土地等优势，高度可达40m以上，适用于周转量大的大城市和港口地区，应用最为广泛。砖筒仓筒壁用砖砌成，造价低、施工方便，仓筒内径一般不超过6m，高度不超过20m，适用于中小型粮仓。钢板筒仓壁薄、自重轻、施工方便、标准化程度高，但钢板仓壁隔热性能差，易结露，适用于品种多、容量小、周转快的中小型仓库。钢丝网水泥筒仓的仓顶、筒壁和仓底锥斗均为钢丝网水泥，筒下支

---

① 戴则祐. 粮食厂仓建筑概论[M]. 北京：中国商业出版社，1986.

② 戴则祐. 粮食厂仓建筑概论[M]. 北京：中国商业出版社，1986.

③ 刘志云，唐福元，程绪铎. 我国筒仓与房式仓的储粮特征与区域适宜性评估[J]. 粮油仓储科技通讯，2011（2）：7-9.

承结构用钢筋混凝土柱或砖砌环墙，一般内径为5~6m，高约10m；由于自重轻、壁薄而不利于物料长期储存[①②]。土圆仓是一种草泥结构的圆形粮仓，建筑材料主要采用草和黏土，一般成组而建。

（4）按平面形式分类

筒仓的平面形式主要有圆形、矩形、正六边形、正八边形等，以圆形居多。多筒高立筒仓按照仓筒群排列组合形式可分为行列式和错列式两种[③]。

1.2　筒仓的发展演变

1.2.1　国内外立筒仓的发展演变

20世纪初，伴随着物料存储需求的快速增长，以及立筒仓具有容量大、占地面积较少、劳动生产率较高等优势，国际上开始大量兴建立筒仓[④]。例如，美国于1845年在德鲁斯建造了世界上第一个装粮食的提升立筒仓，此后美国的粮仓以立筒仓为主体，占比达到80%以上，其主要类型有农村立筒仓、终点立筒仓、港口立筒仓和生产立筒仓等。其中，农村立筒仓的数量多，但仓容小，多用木材、钢材、钢筋混凝土等多种材料建成。终点立筒仓建造在靠近市场的交通干线上，用来接收农村立筒仓的粮食，将粮食处理后转给港口和生产立筒仓，一般采用钢筋混凝土建造。港口立筒仓用于储存出口粮食，主要分布在沿海港口地区，仓容量大，机械化程度高，生产能力大。生产立筒仓是保证面粉厂、大米厂等正常加工需要的粮仓，仓容量与加工厂的生产能力相适应，也可作贮存原料的仓库。后两种仓库较广泛地使用了自动化技术、电子计算机和工业电视技术。20世纪20年代以后，由于美国粮食生产的速度越来越快，粮仓的建筑也相应加快，新建和扩建了许多现代化的立筒仓。同时，农场粮仓的增长速度更快，主要建造了钢板筒仓。加拿大于1879年在草原上建造了第一座木结构的粮食立筒仓；1910年开始建

---

① 戴则祐. 粮食厂仓建筑概论[M]. 北京：中国商业出版社，1986.

② 刘志云，唐福元，程绪铎. 我国筒仓与房式仓的储粮特征与区域适宜性评估[J]. 粮油仓储科技通讯，2011（2）：7-9.

③ 戴则祐. 粮食厂仓建筑概论[M]. 北京：中国商业出版社，1986.

④ 付建宝. 大直径筒仓的侧压力分析与筒仓地基三维固结分析[D]. 大连：大连理工大学，2012.

造钢筋混凝土立筒仓，并逐渐发展成世界上唯一只用立筒仓储粮的国家。①②

20世纪20年代，我国开始建设钢筋混凝土立筒仓，初期主要应用于煤炭及建材行业。最早的立筒粮仓建成于1938年的上海阜丰面粉厂，由直径10m、高20m的24个筒仓组成，总容量4200万斤。新中国成立后，立筒仓建设快速发展。1959年，粮食部决定在浙江设立新型立筒粮仓试点；1960年3月，我国第一座砖砌立筒仓粮仓在杭州第一碾米厂（现南星桥粮库）建成。20世纪70年代后，轻工、煤炭、建材、粮食、港口运输等行业开始大规模使用立筒仓，将其作为主要仓储设施。在此期间，多座高度超过30m的大型立筒仓在上海、北京、广东等地相继建成。贮煤筒仓更是朝着容量万吨级以上的巨型化发展，例如贵州老屋基选煤厂于1977年建成我国第一座万吨级贮煤筒仓，其直径22m、高56m、容量1.2万吨；1987年建成的北京石景山热电厂贮煤筒仓由五个1万吨筒仓串联，筒仓直径22m、高41m。20世纪90年代后，立筒仓的施工技术、存储方式以及机械化水平显著提高，建成了很多设施更完备的现代化高立筒仓，而贮煤筒仓和粮仓筒仓等更是趋向于巨型化。③④⑤⑥

1.2.2 土圆仓的发展演变

由于土圆仓具有圆筒形形体和空间形态，因此本书将土圆仓作为一种特殊类型的筒仓。20世纪60年代初，为配合“备战”，要求新建仓库设计做到民房化、村落化、院落化，并且具有一定的隐蔽性，仓库选点要利用离开铁路线10km以外的公路线和水运航线，全国各地开始重点建设土圆仓。土圆仓是总结国内民间建仓经验而创建的一种草泥结构的圆形粮仓，其建筑材料主要是草和黏土，可以节约大量的钢材、水泥和木材等材料。土圆仓具有结构简单，施工方便，材料易取，造价低，易于密闭、防虫、防霉、防鼠雀、防火，抗震性能好等优点；不足之处是隔热性能差，且粮食进出仓不够方便。

20世纪60年代末，粮食经营量和库存量继续上升，仓库严重不足。1969年6

---

① 赵思孟．美国粮仓工业简述[J].郑州粮食学院学报，1983（1）：48-53.

② 赵思孟．加拿大粮仓工业概述[J].郑州粮食学院学报，1984（4）：31-36.

③ 程瑜．钢筋混凝土立筒仓结构抗震分析[D]．郑州：河南工业大学，2010.

④ 陆永年．我国粮食立筒仓的发展梗概[J]．河南工业大学学报，1984，5（2）：49-57.

⑤《杭州市粮食志》编纂领导小组．杭州粮食志[M]．杭州：杭州大学出版社，1994.

⑥ 周留才．超大型筒仓的发展及其在火电厂的应用[J]．华北电力技术，1999，29（3）：36-38.

月，在全国粮食工作改革经验交流会上，提出推广了黑龙江明水县用草泥建设“土圆仓”的经验。到20世纪70年代末，土圆仓仓容达到了53亿kg。20世纪60年代末、70年代初，我国江南地区学习黑龙江的经验兴建土圆仓，由于江南地区湿热多雨，在北方广泛应用的土圆仓在该地区容易发生损坏、坍塌，因此多改为采用砖石砌筑，但在建筑形式上与土圆仓原型仍很类似。1978年改革开放后，北京、天津、东北等建成了一大批砖和钢筋水泥结构的圆仓。[①②]

1.3　筒仓活化与再生背景

进入21世纪后，一方面，在经济快速增长和工业技术迅猛发展的推动下，多筒高立筒仓发展趋向现代化和巨型化，很多原有立筒仓的容量和设备设施等已不能满足需求；而大量分布于乡村中的土圆仓也随着粮食仓储方式和仓储设施的改变，有很多被弃置不用。另一方面，伴随着城市化进程加快、城市产业结构调整、城乡空间结构变迁等，城市中部分原工业用地、仓储用地的用地性质发生了转变，造成很多筒仓建筑被闲置、废弃甚至拆除。为避免具有综合价值和鲜明特色的这一特殊类型的仓储建筑遗产在城市发展进程中消逝，应对具典型意义的筒仓进行保护和适应性再利用。

筒仓是仓储设施的一种特殊类型，而从工业遗产类型范畴的角度，废置且具有一定遗产价值的仓储设施可以划入工业遗产范畴中[③]。由此，筒仓作为工业遗产，其类型归属于“直接为工业生产服务或间接受工业生产影响”[④]的“工业相关产业”大类中的“交通运输、仓储、邮政与通信业”中类（表1-1）。由此，工业遗产保护与再利用的对策、方法、技术等相关研究与实践成果可以作为筒仓活化与再生的借鉴与参考。

① 王飞生．粮仓历史浅说[J]．四川粮油科技，2001（2）：20-22.

② 邓力群等．当代中国的粮食工作[M]．北京：中国社会科学出版社，1988.

③ 刘抚英，蒋亚静，文旭涛．浙江省近现代水利工程工业遗产调查[J]．工业建筑，2016，46（2）：13-17，22.

④ 刘抚英，蒋亚静，陈易．浙江省近现代工业遗产考察研究[J]．建筑学报，2016（2）：5-9.

基于工业生产行业及相关环境的工业遗产分类　　表1-1

大类	中类
工业	1. 采矿业；2. 制造业；3. 电力、燃气及水的生产和供应业
工业相关产业	4. 交通运输、仓储、邮政与通信业；5. 水利工程；6. 环保业；7. 公共设施；8. 居住生活设施
工业次生景观	9. 采掘沉陷区；10. 废弃露天采矿场；11. 工业废弃物堆场

资料来源：刘抚英，蒋亚静，文旭涛. 浙江省近现代水利工程工业遗产调查［J］. 工业建筑，2016，46（2）：13-17，22.

1.4　典型筒仓形体与空间构成

本书选取应用最广泛且遗存数量最多的多筒高立筒仓、土圆仓作为“典型筒仓”进行形体分析。

1.4.1　多筒高立筒仓形体与空间构成

多筒高立筒仓形体主要由工作塔、上下联廊、筒仓、筒上建筑（筒上层）、筒下层等构成①，其形体及其构成见图1-1、图1-2。

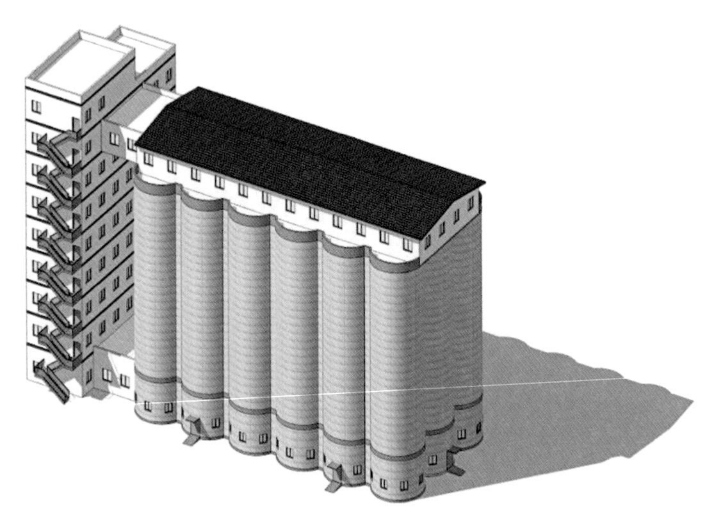

图1-1　典型“立筒仓”形体外观图

① 戴则祐. 粮食厂仓建筑概论[M]. 北京：中国商业出版社，1986.

1. 工作塔；
2. 下联廊；
3. 上联廊；
4. 筒下层；
5. 出粮口；
6. 仓底；
7. 筒壁；
8. 筒顶板（筒上建筑地面）；
9. 进粮口；
10. 筒上建筑

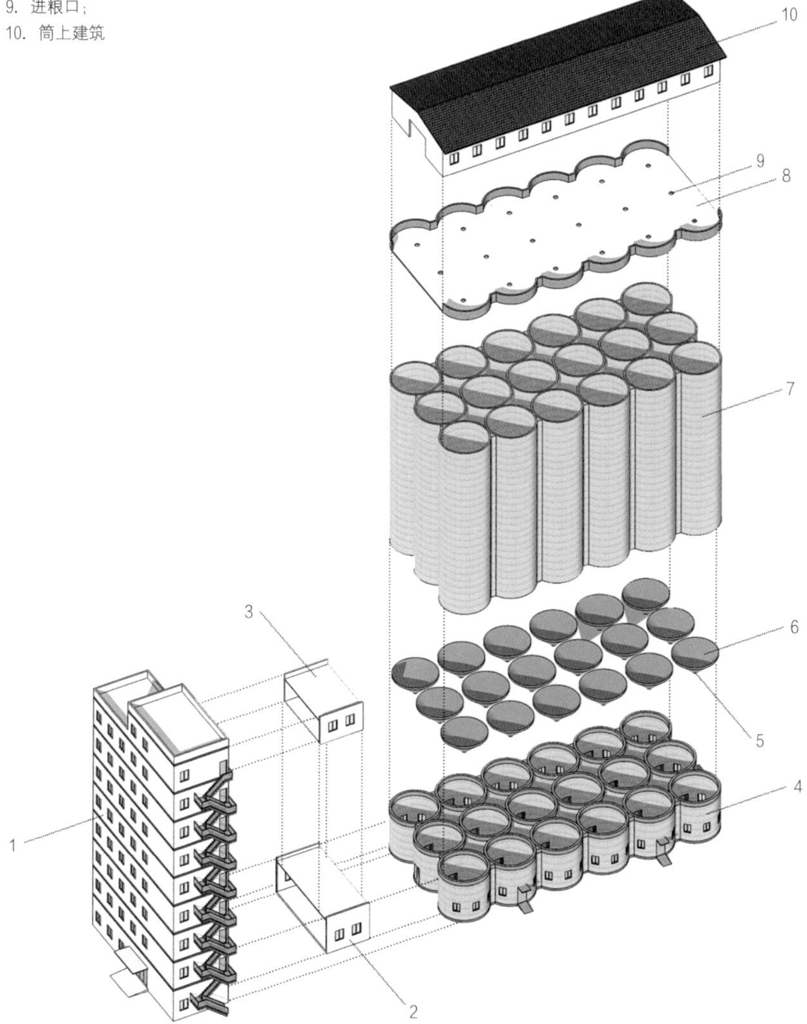

图1-2　典型“立筒仓”形体分解图

（1）工作塔与上下连廊

工作塔是装有提升机和工艺设备的建筑物，主要用于初清、计量、运输和分配，其建筑平面多为矩形。工作塔与筒仓（群）之间有一定距离，通过上下连廊与其连接。

（2）筒仓（群）

筒仓（群）的整体形态取决于两个方面：其一，单个筒仓的几何形式；其二，筒仓的排列组合方式。单个筒仓由仓顶板、筒壁、仓底、筒下支承结构和基础五部分组成；筒仓的仓底常用形状是与圆筒仓配合使用的轴对称锥斗形。

（3）筒上建筑（筒上层）

筒仓仓顶以上的建筑称为“筒上建筑”（也称“筒上层”），用于安装和操作水平进粮输送机和进粮管，筒上建筑一般每开间都设窗。

（4）筒下层

筒下层是指仓底以下的部分，供安装水平出粮输送机使用。筒下层在结构形式上一般分为筒壁落地承重和柱支承两种。其高度取决于水平出粮输送机的高度以及其他设备的需要。

1.4.2　土圆仓形体与空间构成

土圆仓的仓体一般由仓底座、仓壁、仓檐、仓顶四部分组成，内径一般为6～8m，檐高距仓内地坪3.5～4.5m。典型“土圆仓”形体及其构成图见图1-3、图1-4。①

仓底座多采用砖石砌筑。机械出粮的土圆仓仓底设有机道，仓底地坪做成漏斗状；人工出粮的仓底地坪多为平地。

仓壁、仓檐、仓顶主要用草泥垒筑而成。仓顶按材料分为草泥拱顶、苫草顶、芦苇把拱顶、柴拱顶、砖拱顶；按构造分为支架拱顶和无支架拱顶；按形状分为圆锥形拱顶、抛物线形拱顶、尖圆形拱顶、半圆形拱顶等。

人工进出粮的仓须设仓门，机械进出粮的仓设人员清仓出入口。

土圆仓的仓间距约为1.5m。考虑机械设备的进出和防火要求，每组仓间须留出6～7m宽的通道；人工进出粮的仓组间距可适当缩小。土圆仓的排列方式有单列式、双排并列式和交叉组合式等。

---

① 商业部粮食局．土圆仓［M］．北京：中国建筑工业出版社，1974．

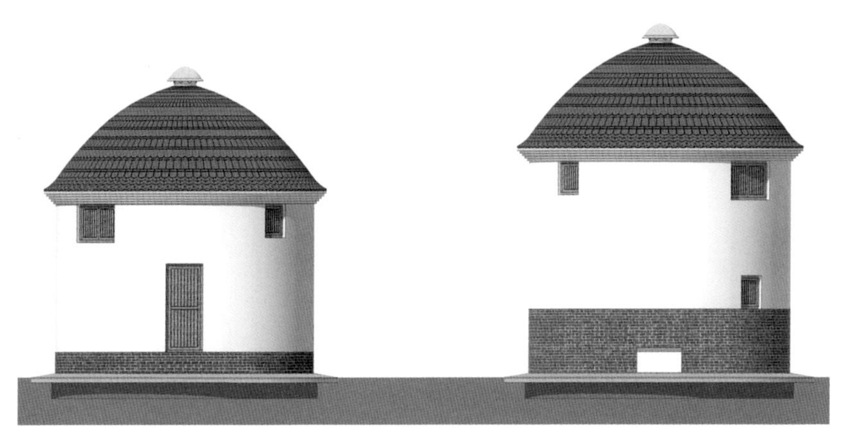

a. 人工出粮土圆仓　　　　　　b. 机械出粮土圆仓

图1-3　典型“土圆仓”形体外观图

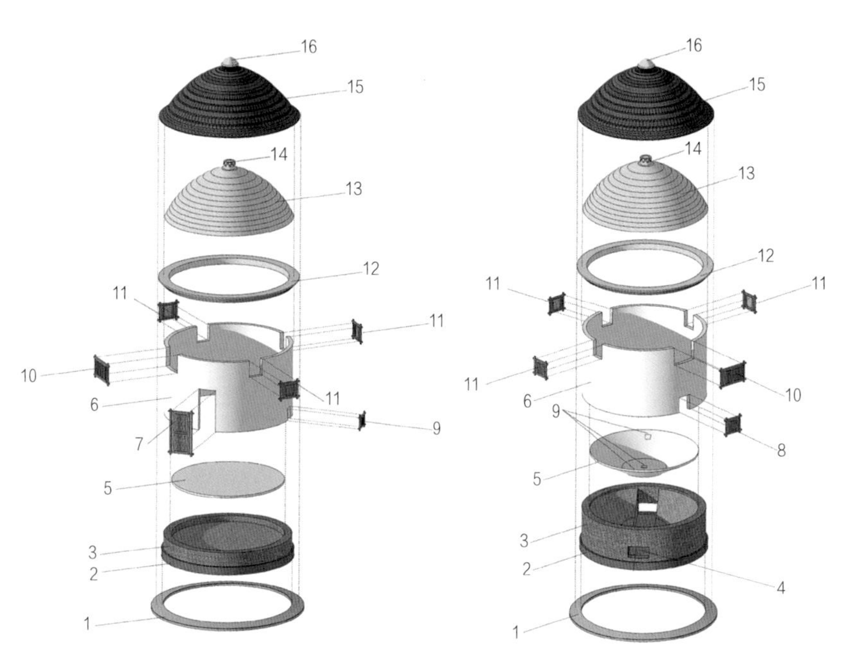

a. 人工出粮土圆仓　　　　　　b. 机械出粮土圆仓

1. 仓外散水；2. 基础；3. 勒脚；4. 机道；5. 仓内地坪；6. 仓壁；7. 仓门；8. 清仓出入口；9. 出粮口；10. 进粮口；11. 通风窗；12. 仓檐；13. 拱顶；14. 通风筒；15. 仓顶防水；16. 顶帽

图1-4　典型“土圆仓”形体分解图

第2章

筒仓案例调查与分析

筒仓典型案例调查主要围绕三方面开展：其一，选取浙江省仓储类工业遗存中的特殊类型——筒仓，作为地域工业遗产研究专题的研究对象；界定调查研究范畴，收集综合信息数据；在此基础上，建立“浙江省筒仓遗存名录”，并应用ARC-GIS构建“浙江省筒仓遗存综合信息数据库”。其二，选取浙江省筒仓的典型案例进行分析。其三，对国内外筒仓建筑活化与再生的典型案例进行调查，建立“国内外筒仓活化与再生典型案例名录”。

2.1 浙江省筒仓遗存案例样本调查

2.1.1 界定调查范畴

研究借鉴浙江省近现代工业遗产调查的方法，以时间范畴、空间范畴、类型范畴、价值等级范畴等界定筒仓遗存案例样本选择的范畴①②③。

（1）时间范畴

浙江省筒仓遗存时间范畴的界定可以借鉴近现代工业遗产时间范畴的界定方法，依照近现代三个历史阶段进行分类，即近代—清末筒仓遗存（1840~1911年）、近代—“中华民国”期间筒仓遗存（1911~1949年）、现代—中华人民共和国筒仓遗存（1949~1976年）。由前文筒仓发展演变的历程可以看出，浙江省近现代筒仓遗存的时间范畴主要集中在现代—中华人民共和国阶段。

（2）空间范畴

研究调查的空间范畴涵盖了浙江省行政区范围内的杭州、嘉兴、湖州、绍兴、宁波、舟山、金华、台州、温州、丽水、衢州11个地级市的分布于城市和乡村的筒仓遗存。

（3）类型范畴

前文已述及，筒仓的类型可以按照筒仓功能、仓体高度与内径比、结构材料

---

① 刘伯英．工业建筑遗产保护发展综述[J]．建筑学报，2012（1）：12-17.

② 刘抚英，蒋亚静，陈易．浙江省近现代工业遗产考察研究[J]．建筑学报，2016（2）：5-9.

③ 刘抚英，蒋亚静，文旭涛．浙江省近现代水利工程工业遗产调查[J]．工业建筑，2016，46（2）：13-17，22.

和平面形式等进行划分。本调查研究综合考虑筒仓的功能、形体、结构材料等类型划分方式，概括性地将筒仓分为两大类：

其一，储存物料的立筒仓和土圆仓。

其中，立筒仓是国内外应用最广泛的一种筒仓类型；而土圆仓则是我国在特定时期基于特殊需求，采用低技术手段（草泥筑、砖砌、石砌等）快速建造的一种主要用于储存粮食的圆筒形仓储建筑，在浙江省具有较大的遗存量。

其二，储存流体的筒仓。

主要包括储油筒仓（罐）、储水筒仓（罐）和储气筒仓（罐）等。

（4）价值等级范畴

目前，针对地方性工业遗产价值评价标准和评价方法的研究取得了一定进展①②③④，但这些评价标准和方法尚未得到广泛认同和应用。本研究借鉴工业遗产价值等级的分类方法对筒仓遗存价值等级进行划分，具体方法如下⑤：

①第一价值等级——工业遗产作为世界文化遗产

按照《保护世界文化和自然遗产公约》对文化遗产的界定，物质性工业遗产与纪念物、建筑群、遗址三类文化遗产关联，具有突出、普遍价值的工业纪念物、工业建筑群、工业遗址等可以申请成为世界文化遗产。一些工业文明起步较早的国家也已相继有近现代工业遗产被列入“世界文化遗产名录”，我国目前尚未有近现代工业遗产被认定为世界文化遗产。从现有的各级文物保护单位中遴选具有突出、普遍的人类文化、科学、技术、艺术等价值的近现代工业遗产去申请世界文化遗产，仍应作为努力实现的目标。

②第二价值等级——工业遗产作为文物保护单位或历史文化街区、村镇、名城

工业遗产的尺度层级结构涉及单体设施层级、工业厂区层级、工业区（工矿城镇）层级、工业区域层级等。依据《中华人民共和国文物保护法》，第二价值

---

① 刘伯英，李匡．北京工业遗产评价办法初探[J]．建筑学报，2008（12）：10-13.

② 崔卫华，杜静．CVM在工业遗产价值评价领域的应用——以辽宁为例[J]．城市，2011（2）：35-39.

③ 韩福文，佟玉权，张丽．东北地区工业遗产旅游价值评价——以大连市近现代工业遗产为例[J]．城市发展研究，2010，17（5）：114-119.

④ 刘凤凌，褚冬竹．三线建设时期重庆工业遗产价值评估体系与方法初探[J]．工业建筑，2011，41（11）：54-59.

⑤ 价值等级划分方法引自：刘抚英．我国近现代工业遗产分类体系研究[J]．城市发展研究，2015，22（11）：64-71.

等级下的单体设施层级的工业遗产主要为各级文物保护单位，包括：全国重点文物保护单位，省（自治区、直辖市）级文物保护单位，市级文物保护单位，县区级文物保护单位，文物保护点；工业厂区以上各层级的工业遗产可与历史文化街区、历史文化村镇、历史文化名城对应[①]。

③第三价值等级——工业遗产作为尚未核定公布为文物保护单位的不可移动文物

在不可移动文物的分类中，工业遗产与“近现代重要史迹及代表性建筑”相关联，主要涉及“工业建筑及附属物”“金融商贸建筑”“水利设施及附属物”“交通道路设施”“典型风格建筑或构筑物”以及“其他近现代重要史迹及代表性建筑”等类型[②]。

④第四价值等级——工业遗产作为历史建筑

在国务院颁布的《历史文化名城名镇名村保护条例》中，“历史建筑是指经城市、县人民政府确定公布的具有一定保护价值，能够反映历史风貌和地方特色，未公布为文物保护单位，也未登记为不可移动文物的建筑物、构筑物”。与历史建筑相近的概念还有“优秀历史建筑”[③]和“优秀近现代建筑”[④]等，这些概念都内含了近现代工业遗产的内容。由于此类工业遗产暂未纳入文物范畴，故将其列为第四价值等级。

⑤第五价值等级——工业遗产作为一般历史遗存

未列为各级文物保护单位、历史街区与村镇、文物保护点、不可移动文物以及历史建筑的工业遗产，作为一般性工业历史遗存，归入第五价值等级。

---

① 历史文化名城是由国务院核定公布的保存文物特别丰富并且具有重大历史价值或者革命纪念意义的城市。历史文化街区、村镇是由省、自治区、直辖市人民政府核定公布的、保存文物特别丰富并且具有重大历史价值或者革命纪念意义的城镇、街道、村庄。

② 引自“第三次全国文物普查不可移动文物分类标准”的分类类目。

③ 部分城市自行设定标准并公布了城市优秀历史建筑。例如上海的优秀历史建筑是在地方法规中设立的一个建筑保护级别，由市政府批准公布，具有法律地位。优秀历史建筑一般指年代并不久远、建成30年以上、艺术特色和科学研究价值突出的建筑，或是反映上海地域历史、文化，或是某著名建筑师的代表作品，或是一个产业时代的代表建筑。

④ 《关于加强对城市优秀近现代建筑规划保护的指导意见》中提出，城市优秀近现代建筑是指从19世纪中期至1950年建设的，能够反映城市发展历史、具有较高历史文化价值的建筑物和构筑物。这一规定与我国目前的大部分工业建、构筑物的建设时期基本符合。

2.1.2　采集综合信息数据与建立“浙江省筒仓遗存名录”

浙江省筒仓遗存综合信息数据采集包括：

其一，在界定调查研究范畴的基础上，确定调研信息采集的内容和方法，制定调研计划，开展浙江省筒仓遗存案例样本调研与信息采集工作。

其二，拟调研采集的信息内容包括图形信息和属性信息。其中，图形信息包括电子或纸质的地形图、地图、规划与建筑设计图、照片、卫星遥感图片等；属性信息是对工业遗产全面系统的定性与定量描述，具体内容包括：筒仓遗存原名称、筒仓遗存再利用后名称、地理位置（包括区位位置及特征的文本描述、场地核心点定位坐标数值、海拔高度数值等）、筒仓类型、筒仓遗存规模、发展演化历程、筒仓遗存产生原因、筒仓遗存概况描述（包括环境状况、功能特征、空间特征、文脉特征、形式特征、结构特征、构造特征、材料特征等）、筒仓遗存再利用现状及存在问题、是否作为文保单位或历史建筑及其保护级别、与城市和区域其他文化遗产或设施耦合关系等。浙江省筒仓遗存调研信息见表2-1。

其三，依据调研结果，对收集的信息数据进行筛选，确定研究样本。对数据进行分类整理，汇总形成浙江省筒仓遗存综合信息。在信息数据采集基础上，研究建立了“浙江省筒仓遗存名录”（表2-2）。

浙江省筒仓遗存调研信息表　　表2-1

<table>
<tr><td colspan="2">筒仓遗存原名称</td><td colspan="3"></td></tr>
<tr><td colspan="2">筒仓遗存再利用后名称</td><td colspan="3"></td></tr>
<tr><td rowspan="4">地理位置</td><td>区位位置及特征</td><td colspan="3">（行政区位描述）</td></tr>
<tr><td rowspan="3">场地核心点定位坐标</td><td>北纬</td><td colspan="2">（根据Google Earth地图确定）</td></tr>
<tr><td>东经</td><td colspan="2">（根据Google Earth地图确定）</td></tr>
<tr><td>海拔</td><td colspan="2">（根据Google Earth地图确定）</td></tr>
<tr><td colspan="2">筒仓类型</td><td colspan="3"></td></tr>
<tr><td rowspan="3">筒仓遗存规模</td><td>生产规模</td><td colspan="3">（筒仓容量）</td></tr>
<tr><td>用地规模</td><td colspan="3">（用地面积或建筑占地面积）</td></tr>
<tr><td>建筑规模</td><td colspan="3">（筒仓遗存建筑面积）</td></tr>
<tr><td colspan="4">发展演化历程（含主要历史事件）</td><td></td></tr>
<tr><td colspan="4">筒仓遗存产生原因</td><td></td></tr>
</table>

续表

筒仓遗存概况描述	环境状况	功能特征	空间特征	文脉特征	形式特征	结构特征	构造特征	材料特征
筒仓遗存再利用现状及存在问题								
是否作为文保单位或历史建筑及其保护级别			文保单位（全国重点、省级、市县区级、文保点）、历史建筑					
与城市和区域其他文化遗产或设施耦合关系								

资料来源：作者自绘。

浙江省筒仓遗存名录　　表2-2

城市	遗产名称	年代	类型	价值等级
杭州	杭州石油公司小河油库储油罐	中华人民共和国（20世纪60～80年代）	储油筒仓	第三级，不可移动文物
	杭州双流水泥厂水泥仓	中华人民共和国	立筒仓	第三级，不可移动文物
	众安村备战备荒粮仓群	中华人民共和国(1960～1969年)	土圆仓	第三级，不可移动文物
	建盈备战备荒粮仓	中华人民共和国（1971年）	立筒仓	第三级，不可移动文物
	横塘倪战备粮仓	中华人民共和国（1969年）	土圆仓	第三级，不可移动文物
	洪家龙羊粮仓	中华人民共和国（20世纪60年代）	土圆仓	第三级，不可移动文物
	大源粮仓	中华人民共和国（1959年）	土圆仓	第三级，不可移动文物
	金岫粮仓旧址土圆仓	中华人民共和国（1958年）	土圆仓	第三级，不可移动文物
	西天目乡粮站旧址土圆仓	中华人民共和国（1953至1972年）	土圆仓	第三级，不可移动文物
嘉兴	王店米厂苏式圆筒粮仓群	中华人民共和国（20世纪50年代）	立筒仓	第二级，市县区级文物保护单位
	塘北粮仓群立筒仓	中华人民共和国（20世纪70年代）	立筒仓	第二级，文物保护点
	高照粮站旧址立筒仓	中华人民共和国（1971年）	立筒仓	第三级，不可移动文物
	干窑宝大碾米厂砻糠仓库	中华人民共和国（20世纪60年代）	立筒仓	第三级，不可移动文物
	圆筒粮仓	中华人民共和国（1979年）	立筒仓	第三级，不可移动文物

续表

城市	遗产名称	年代	类型	价值等级
湖州	南浔粮站总粮仓	中华人民共和国（1955年）	立筒仓	第二级，市县区级文物保护单位
	练市镇粮仓群	中华人民共和国（20世纪50年代）	土圆仓	第三级，不可移动文物
	练市米厂圆筒仓	中华人民共和国（20世纪60年代）	立筒仓	第三级，不可移动文物
	射中粮仓旧址	中华人民共和国（1968年）	土（砖）圆仓	第三级，不可移动文物
	双林粮管所粮仓旧址	中华人民共和国（20世纪70年代初）	立筒仓	第三级，不可移动文物
	凤山岭战备油库	中华人民共和国（20世纪60年代）	储油筒仓	第三级，不可移动文物
	姚家斗谷仓	中华人民共和国（20世纪70年代）	土圆仓	第三级，不可移动文物
绍兴	南塘圆粮仓	中华人民共和国（20世纪60~70年代）	土圆仓	第三级，不可移动文物
	高建村粮仓旧址	中华人民共和国（20世纪70年代）	土圆仓	第三级，不可移动文物
	下坪山粮仓	中华人民共和国（1960年）	土（石）圆仓	第三级，不可移动文物
	西山村粮仓	中华人民共和国（1978年）	土（石）圆仓	第三级，不可移动文物
宁波	太丰面粉厂面粉筒仓	中华人民共和国	立筒仓	第三级，不可移动文物
	红卫塘粮站粮仓	中华人民共和国（1962年）	土（砖）圆仓	第三级，不可移动文物
金华	1960年金华面粉厂粮仓	中华人民共和国（1960年）	立筒仓	第三级，不可移动文物
	七孔塘粮站土圆仓	中华人民共和国（1970年）	土圆仓	第三级，不可移动文物
	石狮塘圆仓	中华人民共和国（1971年）	土圆仓	第三级，不可移动文物
	塘雅镇火车站粮食仓库	中华人民共和国（1949~1950年）	土圆仓	第三级，不可移动文物
	天仙塘粮仓筒形粮仓	中华人民共和国（1971年）	立筒仓	第三级，不可移动文物

续表

城市	遗产名称	年代	类型	价值等级
金华	王宅村土圆仓	中华人民共和国（1965年）	土圆仓	第三级，不可移动文物
	西项圆仓	中华人民共和国（20世纪70年代）	土圆仓	第三级，不可移动文物
	张官粮仓	中华人民共和国（20世纪70年代）	立筒仓	第三级，不可移动文物
	石埠头粮仓	中华人民共和国（1968~1969年）	土（砖）圆仓	第三级，不可移动文物
丽水	齐村粮仓群	中华人民共和国（20世纪50年代）	土圆仓	第二级，文物保护点
	凉塘村粮仓	中华人民共和国（20世纪60年代）	土圆仓	第三级，不可移动文物
	吕步坑村粮仓	中华人民共和国（20世纪50年代）	土圆仓	第三级，不可移动文物
	塘后村粮仓	中华人民共和国（1966年）	土圆仓	第三级，不可移动文物
	西寮村圆谷仓	中华人民共和国（20世纪50年代）	土圆仓	第三级，不可移动文物
	安仁圆形粮仓	中华人民共和国（1969年）	土（石）圆仓	第三级，不可移动文物
	岭根村圆形粮仓	中华人民共和国（1969年）	土（砖）圆仓	第三级，不可移动文物
	柿树垟村圆形粮仓	中华人民共和国（20世纪60年代末）	土（砖）圆仓	第三级，不可移动文物
	柿树垟村窑头圆形粮仓	中华人民共和国（20世纪60年代末）	土圆仓	第三级，不可移动文物
衢州	县前粮仓群	中华人民共和国（1950~1959年）	土圆仓	第二级，省级文物保护单位
	四都粮站旧址	中华人民共和国（1970年）	土圆仓	第三级，不可移动文物
温州	渡渎口粮仓	中华人民共和国（1960年）	土（砖）圆仓	第三级，不可移动文物
	黄石村粮仓	中华人民共和国（1970~1971年）	土（石）圆仓	第三级，不可移动文物
	括山粮仓旧址	中华人民共和国（20世纪60年代末）	土（砖）圆仓	第三级，不可移动文物
舟山	桥头施立筒仓	民国期间	立筒仓	第三级，不可移动文物

资料来源：部分信息数据来自于浙江省文物局，部分来自于作者调研结果。

2.1.3　应用ARC-GIS构建“浙江省筒仓遗存综合信息数据库”

基于采集完成的浙江省筒仓遗存相关要素特征的数据，整合图形信息与属性信息，应用地理信息系统（ARC-GIS）构建“浙江省筒仓遗存综合信息数据库”，所生成的动态可持续更新的数据清单可用于档案信息查询、信息识别和分析研究。用户应用数据库可以通过在地图背景下调出属性信息完成查询或分析操作。综合信息数据库的建立包括三部分①②：

其一，应用GIS分别加载图形信息（浙江省域地图）和属性信息（浙江省筒仓遗存属性信息Excel表格），将地图的平面坐标系转换为大地坐标系。

其二，通过浙江省筒仓遗存点位属性信息中的经纬度信息，在地图上加载各筒仓遗存点，完成图形信息和属性信息的匹配。

其三，加载超链接信息，完成数据库。

构建综合信息数据库需要空间图形信息、点位属性信息和超链接信息。其中，空间图形信息为浙江省域地图（包含11个地级市及各市所辖的区、县、乡、镇），可以在线选取谷歌地图、百度地图或搜搜地图，谷歌地图因能定点查询经纬度并可实现平面坐标系与大地坐标系匹配而被较多采用。点位属性信息为调研信息汇总生成的浙江省近现代工业遗产属性信息统计表，表格导入GIS后，通过选择识别“经度”和“纬度”完成点位加载入地图，实现具体点位与地图的精确匹配。超链接数据是指将包含在属性信息统计表中的图形或文本信息（例如现场调研照片、发展演化历程的文字描述、测绘图等），可以将每个点位信息存储为一个网页文件，然后将文件的存储路径写入属性信息统计表，该表匹配GIS后，通过选择识别“文字图片”列，使网页文件以超链接的形式加载入GIS中。③④⑤

图2-1所示为基于图形信息与属性信息的输入，应用GIS绘制完成的“浙江省筒仓遗存整体分布图”。

---

① 段正励，刘抚英. 杭州市工业遗产综合信息数据库构建研究[J]. 建筑学报，2013，S（2）（总第10期）：45-48.

② 刘抚英，蒋亚静，陈易. 浙江省近现代工业遗产考察研究[J]. 建筑学报，2016（2）：5-9.

③ 吴葱，梁哲. 建筑遗产测绘记录中的信息管理问题 [J]. 建筑学报，2007（5）：12-14.

④ 段正励，刘抚英. 杭州市工业遗产综合信息数据库构建研究[J]. 建筑学报，2013，S（2）（总第10期）：45-48.

⑤ 刘抚英，蒋亚静，陈易. 浙江省近现代工业遗产考察研究[J]. 建筑学报，2016（2）：5-9.

图2-1　浙江省筒仓遗存整体分布图

2.2　浙江省筒仓遗存案例分析

本研究选取了浙江省筒仓遗存样本中的9个典型案例进行介绍和分析[①]。

① 典型案例的部分属性和图像信息数据来源于浙江省文物局网站。

图2-2　县前粮仓群区位示意图

2.2.1　案例1：县前粮仓群

县前粮仓群位于浙江省衢州市江山市双塔街道县前社区周男祠堂岗1号（区位示意图见图2-2），于新中国成立初期（1950~1959年，具体年代不详）建成投入使用，作为县前粮站的仓库。粮站的其他建筑均已拆除或改建，而该粮仓群一直到20世纪90年代才停止使用，其后出租给江山新光明公司用作厂房至今。该建筑群建筑造型结合了浙西地区的地方传统特色，是目前江山地区粮仓及机械设备保存最完好的一处粮仓群，可以还原当年粮仓运行的场景。2008年第三次全国文物普查中，该粮仓群被确定为不可移动文物；2011年1月被公布为省级文物保护单位。

县前粮仓群占地面积约为1000m^2，包括两排共8座粮仓建筑，每排4座，每座间隔0.5m，各粮仓之间通过墙体连接为整体，8座粮仓内部空间连通。两排建筑之间设有宽度为5m的走廊，其上布置了用于粮站工作人员居住的两层建筑。粮仓的鼓风机、传输带以及使粮食入仓、空壳分离的机械设备等保护完好。8座粮仓建筑形体均为圆柱形屋身、攒尖顶、瓦屋面；建筑内直径为8m，室内空间高度为7.3m；墙身厚0.4m，采用草泥夯土夯筑，外墙面用石灰涂刷，底部为黑色、上部白色；建筑外墙开设两个窗；建筑内部墙面也采用石灰涂刷成白色。县前粮仓群见图2-3。

2.2.2　案例2：南浔粮站总粮仓

南浔粮站总粮仓位于湖州市南浔区南浔镇百间楼社区，南浔镇中心幼儿园内（图2-4）。包括两座粮仓，总建筑面积约为226m^2。该粮仓为苏联援建项目，建成

图2-3　县前粮仓群外观

于1955年。现为市级文物保护单位。

旧址原建有筒仓14座，现今保存下来2座。2座粮仓建筑的内壁直径约为12m，高度约为17m；单座粮仓的体积约为1900m^3，仓体满载时可盛装粮食重量约为1000t。建筑采用坡屋顶，以杉木、钢筋加工成伞骨状梁架支撑；局部为歇山顶，利用歇山侧面开设通风窗；粮仓屋面采用灰色板瓦。粮仓外墙采用青砖砌筑，为加强结构采用12根砖砌壁柱，并形成竖向分划，丰富立面构图；外墙砖上多印有“民新”“浙建”“协大”等铭文。2座粮仓都分别开设上下两个门，其中，上部的门作为利用传送带向仓里输送粮食的入口，下部的门则用于粮食出仓的出口（图2-5）。

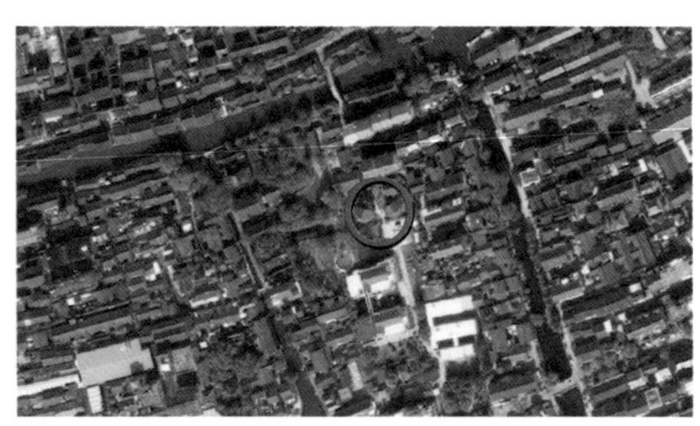

图2-4　南浔粮站区位示意图

图2-5　南浔粮站总粮仓外观

2.2.3　案例3：王店米厂苏式圆筒粮仓群

王店米厂苏式圆筒粮仓群位于浙江省嘉兴市秀洲区王店镇四喜社区塘东街13号长水塘东岸（图2-6），占地面积约为5700m²。嘉兴地区过去的运输主要依靠水运，因此邻水建设了大量的仓储类建筑。王店米厂苏式圆筒粮仓群滨大运河嘉兴段重要支流——长水塘而建，曾作为王店地区粮食集中储存和运输中转的重要设施。

该粮仓群建成于20世纪50年代，曾作为王店米厂的专属粮食仓库；2002年，王店米厂改制后，该粮仓群废弃闲置；2009年9月，王店米厂苏式圆筒粮仓群被公布为市级文物保护单位。

粮仓群由3排14座等距排列的圆筒粮仓组成，3排粮仓由南向北分别为第一排6座、第二排5座、第三排3座（第3排西起首位空缺），各座粮仓的间距均为7.8m。14座圆筒粮仓均为直径12m、高8.15m；建筑墙体采用混凝土浇筑，屋顶结构采用木屋架，屋面覆青瓦；粮仓大门底部距地面高度为2m（图2-7~图2-9）。

图2-6　王店米厂苏式圆筒粮仓群总体位置图

图2-7　王店米厂苏式圆筒粮仓群外观（一）

图2-8　王店米厂苏式圆筒粮仓群外观（二）

图2-9　王店米厂苏式圆筒粮仓群外观（三）

2.2.4 案例4：塘北粮仓群高立筒粮仓

塘北粮仓群位于浙江省嘉兴市南湖区新丰镇丰北社区禾丰西街126号，南10m处为平湖塘（图2-10）。塘北粮仓群归属于嘉兴市粮食局，原作为浙江省粮食储备库使用，现已废置不用，但建筑群体保存较完整，具有一定的历史价值和科学价值。2009年8月，塘北粮仓群公布为文物保护点。

塘北粮仓群包括建于1959年的粮仓3座和建于20世纪70年代的高立筒粮仓1座。粮仓群中的高立筒粮仓由三排共21个圆筒仓组成，高度约20m（图2-11）。

图2-10 塘北粮仓群高立筒粮仓区位示意图

图2-11 塘北粮仓群高立筒粮仓外观

2.2.5 案例5：齐村粮仓群

齐村粮仓群位于浙江省丽水市莲都区富岭街道张垵行政村齐村自然村的西北侧，丽水市粮食收储有限公司富岭粮站内（图2-12），建筑面积为47.7m^2。该粮仓群建于20世纪50年代，整组粮仓保存较好，为市级文物保护点。

齐村粮仓群由3座圆筒形粮仓组成，在总体布局上南北各1座，居中偏西1座；居中的粮仓东侧设置了用于存储粮食的高出地面的平台（长宽分别为1.41m×2.56m），平台通过90°转角的两跑台阶与地面相连。3座粮仓建筑都为圆筒形，顶部攒尖；圆筒粮仓建筑内部直径约为5.05m，内部空间的垂直高度为5.07m；建筑墙体厚约0.4m，采用草泥夯筑；粮仓建筑墙体的中部和下部分别开设了两个木门，墙体顶部开有小通风窗；外墙面涂白色石灰，部分已剥落；坡屋面外覆小青瓦，屋面与墙身交接处采用三层逐步外挑的砖砌檐口，可以将屋面流下的雨水排出（图2-13~图2-15）。

图2-12　齐村粮仓群区位示意图

图2-13　齐村粮仓群外观（一）

图2-14　齐村粮仓群外观（二）

图2-15　齐村粮仓群外观（三）

2.2.6　案例6：练市米厂圆筒仓

练市米厂圆筒仓位于浙江省湖州市南浔区练市镇练市社区练市米厂内（图2-16），占地面积约为160m²。该圆筒仓建成于20世纪60年代，主要用于收集和储存练市米厂在大米加工过程中产生的砻糠（稻壳），它们是可以加工为家畜的饲料，因此该建筑也被称作“砻糠棚”。

练市米厂圆筒仓的建筑主体为圆筒形，顶部采用穹顶。建筑从地面至顶部高度为14m，建筑内部直径为14m，建筑总容量约为2154m³。建筑墙身采用砖砌筑，外墙设置有竖向壁柱；建筑外墙面涂刷白色石灰，部分已剥落；建筑穹顶涂刷深灰色涂料；建筑屋面与墙身交接处采用叠涩檐口，用于排除屋面流下的雨水（图2-17、图2-18）。

图2-16　练市米厂圆筒仓旧址总体环境

图2-17　练市米厂圆筒仓旧址外观（一）

图2-18　练市米厂圆筒仓旧址外观（二）

2.2.7　案例7：干窑宝大碾米厂砻糠仓库

干窑宝大碾米厂砻糠仓库位于浙江省嘉兴市嘉善县干窑镇干窑村乌桥头东南（图2-19）。该圆筒仓占地面积约为60m^2，建于20世纪60年代，原作为宝大碾米厂的砻糠储存仓库。建筑主体为圆筒形，顶部为倒锥形；粮仓内部直径为7.971m，高度为13.41m；建筑外墙厚0.37m，墙体采用青砖错缝砌筑，建筑底部朝向北

图2-19　干窑宝大碾米厂砻糠仓库区位示意图

图2-20　干窑宝大碾米厂砻糠仓库外观（一）

图2-21　干窑宝大碾米厂砻糠仓库外观（二）

图2-22　干窑宝大碾米厂砻糠仓库外观（三）

侧开设主要出入口，建筑屋身上开设有一些不规则布局的通风口（图2-20~图2-22）。

2.2.8　案例8：1960年金华面粉厂粮仓

1960年金华面粉厂粮仓位于浙江省金华市婺城区城西街道中山路社区婺江西路74号（图2-23），占地面积约为445m^2。1958年，国营金华第一面粉厂建成，当时为金华地区最大的现代化面粉厂，年设计生产能力为标准粉45万t。该粮仓建筑建成于1960年，现用作储存鱼干、面粉等货物的仓库。2010年3月，1960年金华面粉厂粮仓被金华市国家历史名城工作委员会评为“金华市区近现代优秀历史建筑”。

该粮仓建筑由4座圆筒粮仓与1幢厂房组成。其中，4座圆筒粮仓与5层高的厂房建筑相连接成为一个整体；每座筒仓底径约为5.05m，高度约为10m（相当于相连厂房建筑4层的位置）；筒仓顶部设有1层高的筒上建筑，采用双坡屋面，内安装有进米粮道，用于粮食输入；下部设出米仓，并开设有出入口；筒仓建筑采用钢筋混凝土结构，外涂灰白色涂料，并在与厂房建筑分层线脚对应的位置涂刷深灰色涂料作为立面分划；筒仓仓顶采用小穹隆型屋面，刷深灰色涂料；仓顶与仓体结合部设置了挑出的排水檐口，涂深灰色涂料（图2-24~图2-26）。

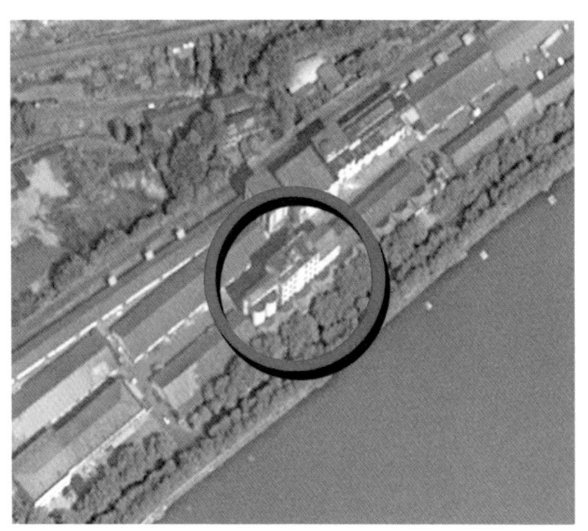

图2-23　1960年金华面粉厂粮仓区位示意图

图2-24　1960年金华面粉厂粮仓外观（一）

图2-25　1960年金华面粉厂粮仓外观（二）

图2-26　1960年金华面粉厂粮仓外观（三）

2.2.9　案例9：桥头施立筒仓

桥头施立筒仓位于浙江省舟山市定海区双桥镇桥头施社区小山干工业区17号，南距忠庄庙约70m，背靠庙后山，北面不远为桥头施范家（图2-27）。该建筑占地面积约为180m^2，建成于民国时期（具体建成年代不详），作为该地区近代的标志性建筑。

桥头施立筒仓由四个圆柱体立筒和位于核心的棱柱体组成，核心柱体顶部设置有筒上建筑。建筑共有9层，首层开设了圆柱形立筒通向核心柱体的门；核心柱体朝南侧每层开窗，窗上口布置了连接相邻两个筒体的水平遮阳板；筒体顶部设置了挑出的排水檐口，涂深灰色涂料；屋面设有防护栏杆（图2-28~图2-30）。

图2-27　桥头施立筒仓区位示意图

图2-28　桥头施立筒仓外观

图2-29　桥头施立筒仓外观局部（一）

图2-30　桥头施立筒仓外观局部（二）

2.3 国内外筒仓活化与再生典型案例名录

研究综合采用资料信息调查分析和现场调研的方法，对国内外立筒仓再利用的设计与建设实施中较具代表性的案例样本进行梳理，据此建立“国内外筒仓活化与再生典型案例名录”（表2-3）。

国内外筒仓活化与再生典型案例名录　表2-3

项目原名称	再利用后项目名称或功能	地理区位	功能转化模式
巴塞罗那水泥厂筒仓	里卡多·波菲建筑设计事务所总部	西班牙，巴塞罗那	办公设施
波兰华沙筒仓	“潜水和室内跳伞训练中心”（Diving and Indoor Skydiving Centre）	波兰，华沙	综合设施
Das筒仓（Das Silo）	Das Silo商务办公楼	德国，汉堡	办公设施
奥伯豪森“煤气储罐”（Oberhausen Gasometer）	展览馆	德国，奥伯豪森	文化设施
德国蒂森梅德里希钢铁厂储气罐	北杜伊斯堡景观公园潜水中心	德国，杜伊斯堡	体育设施
斯特拉阿图瓦（时代啤酒）啤酒厂筒仓	XDGA Silo	比利时，勒芬	综合设施
比利时韦讷海姆筒仓	筒仓公寓（Silo's）	比利时，韦讷海姆	居住设施
荷兰阿姆斯特丹Silos Zeeburg	体育休闲综合体（设计方案）	荷兰，阿姆斯特丹	综合设施
哥本哈根港口区筒仓	双子座住宅（FRØSILO）	丹麦，哥本哈根	居住设施
丹麦哥本哈根港口区Portland Towers筒仓	商务办公楼	丹麦，哥本哈根	办公设施
哥本哈根港口区筒仓	The Soli COBE住宅	丹麦，哥本哈根	居住设施
维恩伯格筒仓（Wennberg Silo）	Wennberg 筒仓公寓	丹麦，哥本哈根	居住设施
Løgten筒仓	Løgten居住综合体（stringio）	丹麦，奥尔胡斯	居住设施
奥斯陆葛鲁尼洛卡筒仓	奥斯陆葛鲁尼洛卡学生公寓（Oslo's Grünerløkka Studenthus）	挪威，奥斯陆	居住设施
奥斯陆市筒仓	Sinsen Panorama公寓	挪威，奥斯陆	居住设施
468筒仓	光学艺术展示馆	芬兰，赫尔辛基	文化设施
Waratah面粉厂筒仓（Waratah Mills Silo）	Waratah Mills住宅	英国，达利奇	居住设施
桂格燕麦厂筒仓	桂格广场学生公寓（Quaker Square Inn）	美国，阿克伦	居住设施

续表

项目原名称	再利用后项目名称或功能	地理区位	功能转化模式
Lewiston筒仓	筒仓餐厅（Lewiston, NY, The Silo Restaurant）	美国，刘易斯顿（Lewiston）市	餐饮设施
Redpath糖厂筒仓	Allez-Up攀岩健身房	加拿大，蒙特利尔	体育设施
伊斯林顿筒仓（Islington Silo）	伊斯林顿筒仓公寓	澳大利亚，墨尔本	居住设施
墨尔本酿酒厂筒仓（Distilleries Silo）	公寓	澳大利亚，墨尔本	居住设施
霍巴特筒仓（Hobart Silo）	霍巴特筒仓公寓	澳大利亚 霍巴特	居住设施
悉尼夏季山面粉厂（Summer Hill Flour Mill）面粉筒仓	公寓	澳大利亚，悉尼	居住设施
杰利科港筒仓区	杰利科港和筒仓公园（Jellicoe Harbour and Silo Park）	新西兰，奥克兰	文化设施
开普顿滨海中转谷仓	"非洲当代艺术博物馆"（Zeitz MOCAA）	南非，开普顿	文化设施
约翰内斯堡筒仓	Mill Junction学生公寓	南非，约翰内斯堡	居住设施
广州啤酒厂麦筒仓	广州源计划建筑工作室总部	中国，广州	办公设施
北京首钢西十筒仓	北京首钢西十筒仓	中国，北京	综合设施
太丰面粉厂面粉筒仓	"M. 艺厂1931"创意区	中国，宁波	综合设施
无锡第二粮食仓库圆筒粮仓	"City Didi"休闲酒吧	中国，无锡	餐饮设施
铁路筒仓（Railway Silo）	图书馆（设计方案）	中国台湾，员林	文化设施

资料来源：作者自绘。

第3章

筒仓活化与再生——功能转化

3.1 筒仓功能转化模式

工业遗产的尺度从单幢厂房建筑或工业设备，到工业厂区、工业区，再到工业区域，表现为明显的多尺度特征。参照和借鉴建筑和人工环境景观的尺度层级结构划分方式，可以将工业遗产划分为单体设施层级、工业厂区层级、工业区（工矿城镇）层级、工业区域层级4个尺度层级，由各层级的构成要素及其构成关系共同组成工业遗产层级结构体系框架。

筒仓作为一种承载特定功能的储存设施，可以参照单体设施层级工业遗产功能转化模式谱确定其功能转化模式。研究表明，单体设施层级工业遗产功能转化模式可以概括为公共设施模式、居住设施模式、景观空间标志模式以及综合应用了上述两种或两种以上功能转化模式的综合性设施模式[①]（表3-1）。本研究结合案例调查分析和筒仓建筑空间与形体的功能适应性，提出筒仓建筑的功能转化主要包括公共设施、居住设施、综合性设施3种模式。

单体设施层级工业遗产功能转化模式　　表3-1

模式类型		特征描述
公共设施模式	博物馆模式	综合价值较高的工业遗产在保护的前提下再利用为博物馆是国际上应用较多的一种模式，包括3种类型：其一，将工业建筑及其室内设施本体作为展品；其二，将工业建筑内部空间作为博物馆展陈的载体；其三，将室外工业设施（机器设备、构筑物等）作为工业技术科普性展品的露天博物馆
	展览设施模式	工业建筑遗产的内部空间、内部设施，或场地环境中的工业构筑物、露天设备装置等，可以再利用为展览设施，作为展品、艺术品布设的载体
	商业设施模式	工业建筑遗产再利用为综合商场、书店、专卖店、超市、餐饮店、酒吧等多种类型的商业设施，厂房建筑高大开敞的空间为商业设施提供了灵活布设和创造独特品质的多种可能性
	办公设施模式	工业建筑再利用为可应用于创意设计、策划咨询、科技研发、开发、金融、投资等商务办公模式，也可用于展示、销售相结合的艺术创作工作室模式
	文教设施模式	将受保护的旧工业建筑的围护结构和内部空间改造再利用为学校、文化活动中心、图书馆等文教设施
	体育健身设施模式	工业建构筑物、大型设备等巨大体量、大跨度结构、大尺度空间等，能满足一些体育健身活动的空间要求，可以再利用为体育俱乐部或体育休闲活动设施

① 刘抚英. 工业遗产保护与再利用模式谱系研究——基于尺度层级结构视角[J]. 城市规划，2016，40（9）：84-96，112.

续表

模式类型		特征描述
公共设施模式	观演设施模式	利用大跨度、大空间的工业建、构筑物或设备装置可以满足观演设施的空间尺度要求
居住设施模式	住宅模式	旧工业建筑根据转化功能要求，通过内部空间重构或空间外向拓展
	公寓模式	旧工业建筑根据转化功能要求，通过内部空间重构或空间外向拓展
	酒店、旅馆模式	旧工业建筑根据转化功能要求，通过内部空间重构或空间外向拓展
景观空间标志模式		工业构筑物、设备装置等单体经改造或艺术性加工，再利用为室外空间中的景观标志要素，对环境空间起视觉主导控制作用。部分标志要素演变为地段甚至地区的工业文化象征
综合性设施模式		综合应用了上述两种或两种以上功能转化模式，多应用于大型综合性工业建筑遗产的保护与再利用

资料来源：刘抚英．工业遗产保护与再利用模式谱系研究——基于尺度层级结构视角[J]．城市规划，2016，40（9）：84-96，112.

3.2　筒仓功能转化为公共设施

根据国内外筒仓活化与再生典型案例样本调查，筒仓建筑功能转化为公共设施的类型主要有办公设施、文化设施（文化博览设施、文教设施等）、体育设施、商业设施等。

3.2.1　功能转化为办公设施

根据办公设施的空间适宜性，立筒仓可再利用为具有多种空间组构关系和布局形态的商务办公或艺术创作工作室办公模式。办公运营所需要的管理办公、商务办公或设计创意办公、会议、交流讨论、接待、展示、图书档案、休息活动、小型餐饮与附属设施等功能空间需求大都可以通过筒仓的再生得以满足。

案例1．里卡多·波菲建筑设计事务所总部（Ricardo Bofill Taller de Acquitectura）[①②③]

里卡多·波菲建筑设计事务所总部由西班牙巴塞罗那水泥厂综合体改造再利

① 里卡多·波菲，张帆．水泥工厂的改造[J]．建筑创作，2008（11）：36-51.

② 里卡多·波菲，尚晋．里卡多·波菲建筑师事务所，巴塞罗那，西班牙[J]．世界建筑，2015（4）：86-93.

③ 左琰，王伦．工业构筑物的保护与利用——以水泥厂筒仓改造为例[J]．城市建筑，2012（3）：37-38.

用形成。该水泥厂综合体建于1900年，包括30余座筒仓以及工业建筑、地下仓库等。1973年，里卡多·波菲发现了这座废弃的工业综合体，并被其抽象而纯净的外形、粗犷的材料质感以及建筑群整体所蕴含的工业美学和可塑性所打动，开始着手将其设计改造为建筑设计事务所总部。历经了近一年半的清理、整饬、拆除、空间更新、景观营造等工作，建筑群呈现出具有艺术雕塑特质的作品。

水泥筒仓更新为设计工作室、建模实验室、图书室、档案室、管理办公室，以及一个集会议、展示、演讲、召开音乐会和举办与建筑设计相关的多种文化活动于一体的商务多功能厅。再利用后的水泥工业综合体成为西班牙加泰罗尼亚地区工业遗产再生的经典案例，对筒仓等工业建筑和环境的保护也表达了设计者对早期工业化时代的敬意（图3-1~图3-4）。建筑师里卡多·波菲本人不仅将这里用作生活和工作的场所，也将其作为建筑形式研究的对象和基地。

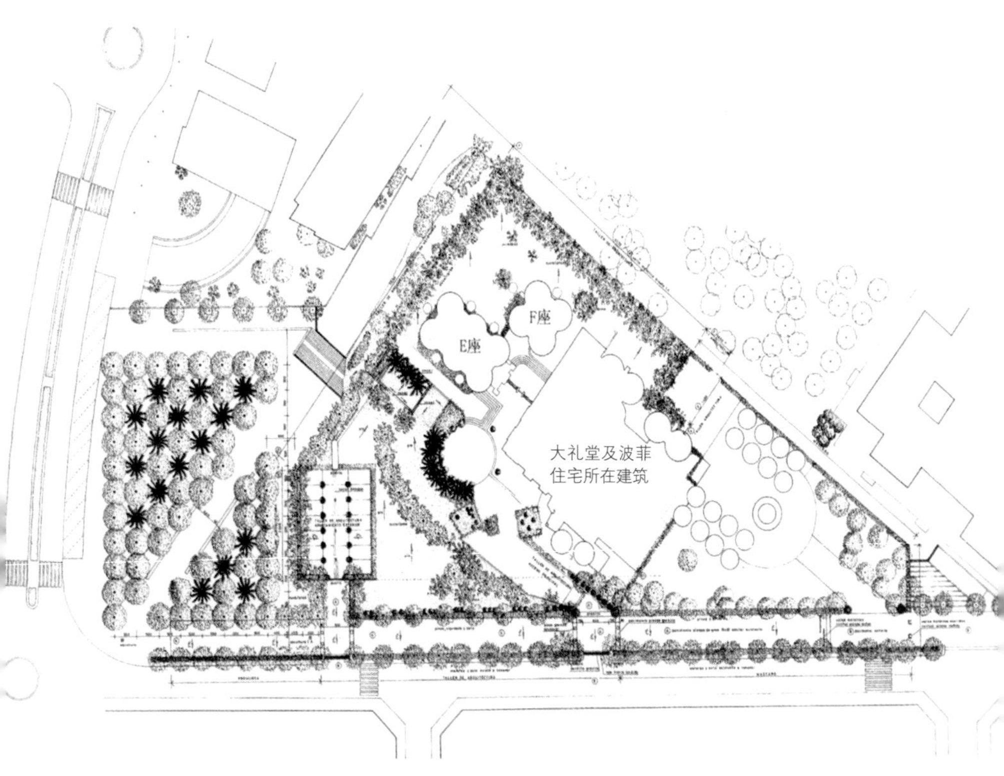

图3-1　由水泥仓改造的里卡多·波菲建筑设计事务所总部总平面图

图3-2　改造前的巴塞罗那水泥厂综合体整体鸟瞰

图3-3　由水泥仓改造的里卡多·波菲建筑设计事务所总部外观

图3-4　由水泥仓改造的里卡多·波菲建筑设计事务所总部多功能厅室内空间

案例2. 广州源计划建筑工作室总部办公楼①

广州源计划建筑工作室总部办公楼由广州啤酒厂的麦筒仓仓顶建筑改造形成。原麦筒仓建成于1934年，位于广州老城北郊的珠江支流增埗河南岸，是广州啤酒厂的大麦储存仓库。

筒仓有2排，每排6个筒；仓顶建筑尺度为54m长、7m宽，用作粮食运转空间，即将粮食运输到仓顶建筑后，再通过建筑底板与下部筒仓之间开设的3列边长为80cm的正方形孔洞将粮食倒入筒仓中；仓顶建筑通过一个桥型建筑与垂直运输塔相连，建筑与筒仓顶板交接处形成了12个半圆形露台。改造前筒仓建筑见图3-5、图3-6。

改造设计由源计划建筑工作室的何健翔、蒋滢主持完成。改造后的工作空间设置在面江一侧，工作室主要功能包括设计工作空间、展览空间、图书资料室、阅读空间、模型制作室及模型材料储藏空间、图纸打印室，以及工作室的服务性空间，如机房、库房、会议室、休息室、茶室、咖啡吧、厨房、储物间、连接吊桥及楼梯等交通空间、卫生间与沐浴间等；圆形筒仓顶部则被改造成空中休闲露台。改造选用的材料大都是易于加工的钢板、热镀锌管材、金属网、水泥纤

图3-5　广州啤酒厂麦筒仓改造前外观

图3-6　广州啤酒厂麦筒仓改造前内景

① 蒋滢. 麦仓顶的工作室——源计划（建筑）工作室改造[J]. 城市环境设计，2014，8（4）：180-185.

图3-7　广州啤酒厂麦筒仓改造后整体外观

图3-8　广州啤酒厂麦筒仓改造后内景

维板、玻璃等工业材料，建筑空间内表面采用除去原白色抹灰层后露出来的混凝土、红砖等原材料，对建筑原初本质给予了充分尊重。改造后筒仓建筑见图3-7、图3-8。

案例3. 德国汉堡Das Silo筒仓更新为办公楼①②

Das Silo筒仓位于繁忙的汉堡港口的中心地区（图3-9），大约于1935~1936年建成并投入使用。Das Silo筒仓最初用于存储油籽和谷物，筒仓高约43m，由4×4排列的16座仓筒组合而成（图3-10），仓筒直径约为7.80m。20世纪90年代，该建筑曾经计划改造成汉堡大学的学生宿舍，后来计划由于开发公司破产而未能实施。2003年，由Bassewitz Limbrock Partner设计事务所完成Das Silo筒仓的改造设计，改造为商务办公建筑。改造后的建筑为14层，其中在圆筒仓顶部加建了3层，总建筑面积约为13500m^2。建筑首层为餐厅，其他各层为建筑面积800~960m^{2}的办公空间（图3-11）。

基于高层办公建筑的交通组织要求和办公空间内部灵活划分的需求，Das Silo筒仓改造设计方案对原有建筑物的结构体系、空间形态和建筑形体组构关系进行了较大的调整修改，保留了其中一部分形体要素。具体包括：

其一，原建筑的主体大部分拆除后新建，保留了原建筑实体中的4个仓筒（图3-12）。改造后的建筑在形式上设置了6个圆柱筒型体元素（除保留的4个外，

① DAS SILO-EIN ABBILD DER ARBEITSWELT[EB/OL]. [2016-10-26]. http://www.cube-magazin.de/hamburg/oeffentliche_gebauede_architektur/das-silo-ein-abbild-der-arbeitswelt.html

② Das Silo[EB/OL]. [2016-10-26]. http://das-silo.de/angebot/

图3-9　汉堡Das Silo筒仓更新项目位置图

图3-10　汉堡Das Silo筒仓改造前外观

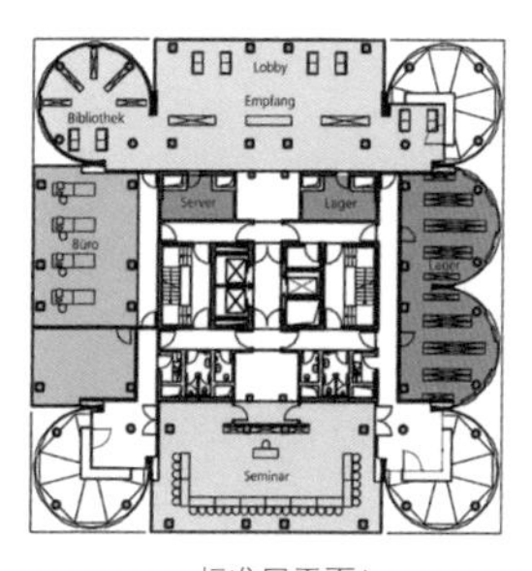

a. 标准层平面1

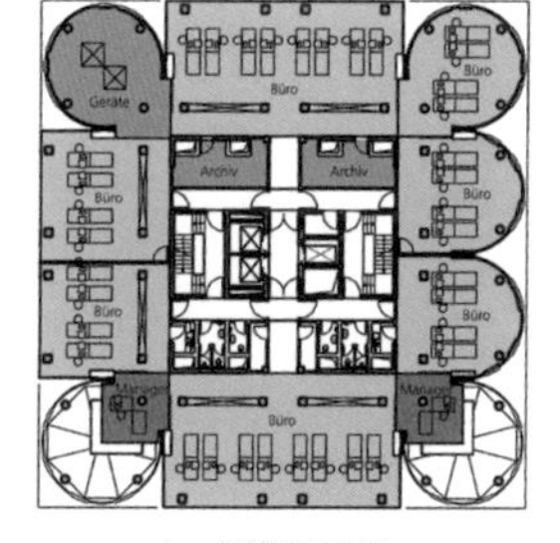

b. 标准层平面2

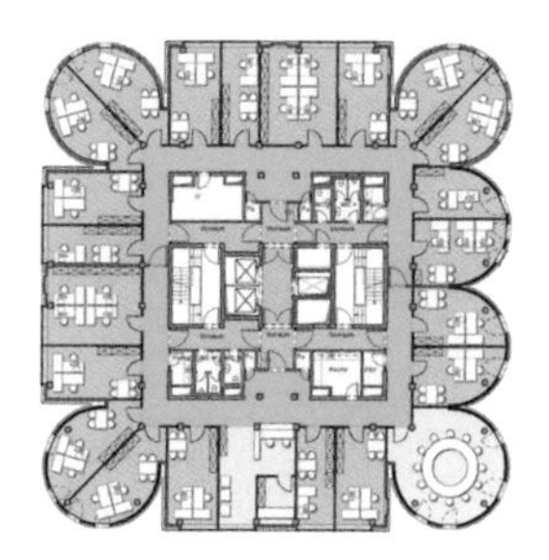

c. 标准层平面3

图3-11　汉堡Das Silo筒仓改造施工过程

又设计添加了2个），包括4个连续筒型体和另外两个转角处的筒型体。由此，改造后的建筑从各角度都可以看到圆柱筒型体要素，与原筒仓建筑在形式上取得呼应。

其二，改造后，建筑核心部位的仓筒拆除后布置为建筑的核心筒，设置了垂直交通设施，以及厨房、卫生间和其他服务用房。

其三，改造后的建筑采用了框架筒体结构。

其四，更新后的建筑形体形成规整的“虚”玻璃，其体量包覆原筒仓组“实”柱体的组合关系；外表皮的大面积玻璃幕墙为办公空间室内提供较充足的天然采光；可开启的窗户用于组织整栋建筑自然通风。德国汉堡Das Silo筒仓更新为办公楼后外观见图3-13、图3-14。

图3-12　汉堡Das Silo筒仓改造施工过程

图3-13 德国汉堡Das Silo筒仓更新为办公楼后外观（一）

图3-14 德国汉堡Das Silo筒仓更新为办公楼后外观（二）

案例4. 丹麦哥本哈根港口区Portland Towers筒仓再利用为办公楼①②③④⑤

Portland Towers筒仓有2座，建成于1979年，由奥尔堡波特兰⑥建造，主要用于储存水泥。筒仓位于丹麦哥本哈根被称为“内北港”（Indre Nordhavn）的建成于20世纪五六十年代的历史性港口的码头区（图3-15），2座水泥筒仓高约59m，是该码头区最高的建筑物和重要的标志物。

2013~2014年，Portland Towers筒仓由NCC公司开发；Design Groyp Architects对其进行了设计，将其改造再利用为办公建筑，改造建筑于2014年建

① Portland Towers[EB/OL]. [2016-10-12]. http://www.ncc.dk/ledige-lokaler/sog-ledige-erhvervslokaler/sjalland/copenhagen-port-company-house/.

② Standardernes Hus i Portland Towers Company House, Nordhavn[EB/OL]. [2016-10-12]. http://www.byensnetvaerk.dk/da-dk/arrangementer/2015/standardernes-hus-i-portland-towers-company-house.aspx.

③ Stormsikret grønt tag på Portland Towers[EB/OL].（2015-10-22）[2016-10-12]. http://www.building-supply.dk/announcement/view/52553/stormsikret_gront_tag_pa_portland_towers#.WACcJfl97IV.

④ 维基百科https://en.wikipedia.org/wiki/Portland_Towers.

⑤ Ikoniske kontorsiloer i Nordhavn er tæt på at være færdigudlejede[EB/OL].（2017-01-24）[2017-02-10]. http://ejendomswatch.dk/Ejendomsnyt/Projektudvikling/article9314138.ece.

⑥ 奥尔堡波特兰是丹麦的一家水泥生产公司。

图3-15　Portland Towers筒仓更新项目位置图

成投入使用。建筑以原有的钢筋混凝土筒仓壁作为结构支撑体，在2座筒仓外围扩建了7层的体量连续的全景办公空间；扩建建筑体量距离地面24m，扩建后建筑的总建筑面积约为11200m^2，其中6层作为办公空间，顶层用作公共食堂和室外的全景露台；建筑屋面采用了屋顶绿化，用作鸟类、昆虫等生物理想的滨水栖息地，荷载充分考虑了防暴雨要求（图3-16~图3-19）。

图3-16　Portland Towers筒仓再利用建设之前

图3-17　Portland Towers筒仓再利用为办公楼后外观

图3-18 Portland Towers筒仓再利用为办公楼内景

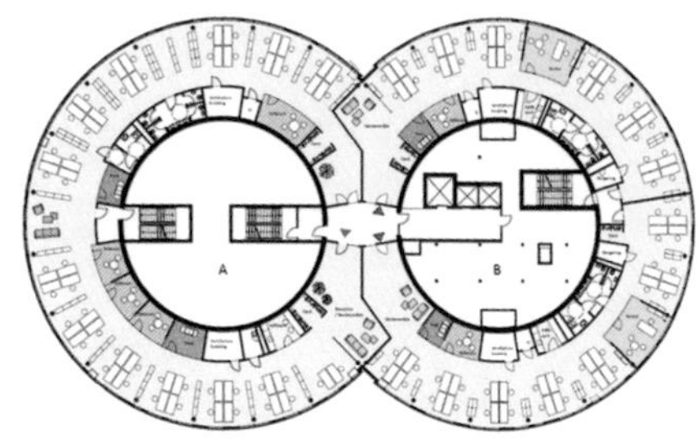

图3-19 Portland Towers筒仓再利用为办公楼平面图

3.2.2 功能转化为文化设施

筒仓内部空间经重塑后，可以再利用为具有独特视觉意趣和全新空间体验的博物馆、展览馆、文化活动中心、图书馆、影剧院、学校等文化场所。

案例5. 南非开普顿谷仓改造为“非洲当代艺术博物馆”（Zeitz MOCAA）①②③④⑤

开普敦谷仓位于南非开普敦V&A码头的核心地区（图3-20），为滨海中转谷仓；于1921年开工建设，1923年2月完成建筑地基及基础施工工作；地面以上建筑于1923年6月建造。建成后的谷仓高约57m，是当时开普敦的最高建筑（图3-21），包括42个仓筒。建造该工程消耗了17500袋波特兰水泥和145t钢筋。

V&A 码头区在城市空间发展和功能更新的背景与市场导向下面临重新开发，而筒仓区是近期发展的重点区块，其更新目标是创建一个充满活力的、多功能的、可持续发展的区域。

谷仓改造由英国著名建筑师托马斯·亚历山大·赫斯维克（Thomas Alexander Heatherwick）主持的Heatherwick Studio设计事务所完成设计，于2014年开始建设。筒仓区的更新以谷仓改造再利用为核心，围绕该建筑构建的新中

① Zeitz Museum of Contemporary Art[EB/OL]. http://www.expatcapetown.com/zeitz-museum.html, 2016-9-27.

② The Zeitz MOCAA Cape Town[EB/OL]. http://www.culturebrand.org/?p=1432，2016-8-17.

③ http://www.inexhibit.com/case-studies/cape-town-zeitz-mocaa-museum-art-africa/.

④ The Zeitz MOCAA Cape Town[EB/OL]. http://www.culturebrand.org/?p=1432, 2016-9-29.

⑤ http://www.capechameleon.co.za/2014/08/zeitz-mocaa-gallery.

图3-20　开普敦谷仓改造项目位置图

图3-21　改造前的谷仓建筑及其滨水环境

央步行广场——筒仓广场，将为城市公众和游客提供一个聚会的场所（图3-22~图3-24）。改造后的建筑为9层，总建筑面积约为9500m²，其中约6000m²将被用于展览空间。建筑功能包括两层永久性展厅、两层临时展厅，其中有80个画廊；一层有18个教育空间，以及有档案室、餐厅、书店等；站在屋顶的雕塑花园可以看到码头和海港的景观。

图3-22　谷仓再利用为“非洲当代艺术博物馆”效果图

图3-23　谷仓再利用设计方案的建筑与广场环境

图3-24　谷仓再利用设计方案的建筑体量

图3-25　芬兰赫尔辛基468号筒仓（Silo 468）位置图

案例6. 芬兰赫尔辛基468筒仓（Silo 468）更新为光学艺术展示馆①②③④⑤⑥

468筒仓为位于芬兰赫尔辛基海滨的钢构储油仓（图3-25），最初建于20世纪60年代，用于储存16000m^{3}的石油；仓体直径36m，高17m（图3-26）。筒仓废弃后于2012年被改造再利用为光学艺术展示馆。改造再生项目由总部位于马德里的光

① 筑龙建筑师网. http://news.zhulong.com/read168463.htm.

② Silo 468 / Lighting Design Collective[EB/OL].（2012-11-28）[2016-10-22]. http://www.archdaily.com/298912/silo-468-lighting-design-collective.

③ Silo 468[EB/OL]. [2016-10-22]. http://openbuildings.com/buildings/silo-468-profile-44722.

④ Bridgette Meinhold, Silo 468 is a Wind-Controlled LED Light Installation in an Abandoned Helsinki Oil Silo[EB/OL].（2012-11-16）[2017-02-13]. http://inhabitat.com/silo-468-is-a-wind-controlled-led-light-installation-in-an-abandoned-helsinki-oil-silo/.

⑤ Silo 468[EB/OL]. [2017-02-14]. http://architizer.com/projects/silo-468/.

⑥ Silo 468[EB/OL].（2012-09-19）[2017-02-13]. http://tecnecollective.com/portfolio/silo468.

图3-26　改造前的468筒仓外观

设计团队（LDC）设计，由VRJEtelä承建实施。

筒仓所处自然环境中的自然光、风以及水波反射光催生了改造设计的基本概念——光，以“光”作为城市重建的主题。设计在筒仓壁上设置了2012个圆孔，隐喻2012年赫尔辛基当选“世界设计之都”。孔洞中安装了1280只LED灯，总功率约为2kW。这些灯具由光设计团队（LDC）开发的软件控制，软件采用了对自然环境的温度、风向、风速、降雪等要素及时作出智能性反馈的模拟计算方法，系统每5分钟更新一次。筒仓内部空间作为公共活动空间，内壁涂成红色；白天，日光可以通过孔洞渗入室内，白色LED灯光通过红色墙壁将光漫反射到整个空间内；傍晚，筒仓外壁的灯光点亮；深夜，筒仓外壁采用深红色的光，隐喻改造前的能源存储功能。在软件智能控制下，孔洞作为像素点，组合变换为鸟类、昆虫、鱼类的动作形态，形成闪烁变化的动画效果。凌晨2：30，当最后一班轮渡路过芬兰堡后，灯光熄灭。

468筒仓的改造设计是将地域文化、自然环境内涵、创意和现代科技整合的作品，更新改造完成后的468筒仓成为该地区的标志物和为公众所喜爱的具有独特意趣的艺术性公共空间（图3-27~图3-29）。

图3-27　改造后的468筒仓外观

图3-28　改造后的468筒仓傍晚时的外观

图3-29　改造后的468筒仓内景

图3-30　德国奥伯豪森“煤气储罐”（Oberhausen Gasometer）位置图

案例7. 德国奥伯豪森“煤气储罐”（Oberhausen Gasometer）再利用为展览馆①②③④

奥伯豪森“煤气储罐”（Oberhausen Gasometer）位于奥伯豪森市东北部、奥伯豪森火车总站（Oberhausen Hauptbahnhof）东北方向2.5km处，其南部与柯尼希比尔森竞技场等邻近（图3-30）。奥伯豪森“煤气储罐”于1927年2月27日开始建造，并于1929年5月15日建成，罐体高117.5m，直径67.6m，有效容积约为34.7万m^3，用于储存附近钢铁厂生产所需的高炉煤气；1990年以前是欧洲最大的煤气储罐。

奥伯豪森“煤气储罐”历经“二战”，得以完整保留下来，于1944年12月31日废置不用；1946年6月，罐体在火灾中烧毁，后被迫拆除；1949年，奥伯豪森“煤气储罐”在同一地点重建，并于次年6月1日再次启用；1977年以后，受进口天然气成本更低的影响，该煤气储罐逐渐失去作用；1988年，奥伯豪森“煤气储罐”关闭，Ruhrkohle AG公司作为业主曾计划以100万欧元的成本将其拆除，但

---

① 维基百科https://de.wikipedia.org/wiki/Gasometer_Oberhausen.

② Industriedenkmäler Gasometer[EB/OL]. [2017-02-17]. https://www.uni-due.de/~gpo202/denkmal/gasometer.htm.

③ 栗德祥. 欧洲城市生态建设考察实录[M]. 北京：中国建筑工业出版社，2011.

④ 刘抚英，邹涛，栗德祥. 德国鲁尔区工业遗产保护与再利用对策考察研究[J]. 世界建筑，2007（7）：120-123.

图3-31　奥伯豪森“煤气储罐”外观

图3-32　奥伯豪森“煤气储罐”夜景外观

同时也有很多针对煤气储罐再利用的建议；1992年，奥伯豪森市议会决定将煤气罐收购，用作展览设施；其后，“国际建筑展埃姆舍公园”（IBA）的主管机构接管了该设施，并承诺可以利用同样数额的投资使其成为向公众开放的公共空间；1993~1994年，奥伯豪森“煤气储罐”被更新为欧洲最高、最大、具有震撼力的展览馆（图3-31~图3-33）。

奥伯豪森“煤气储罐”再利用为展览馆后，多次成功举办大型展览，如《墙》（The Wall）、《蓝金》（Blue Gold，关于水的展览）、《希望之风》（Wind of Hope，有关第一次乘气球环球旅行的展览）、《世界之外——奇妙的太阳系》、《炫光320°展览》等非常著名的主题展会，以及多场戏剧演出、音乐会、朗诵会及讲座等，为其赢得了广泛的声誉。更新后的展馆利用气罐内部可升降的空气压缩盘分割展览空间，为公众、游客提供了独特的空间体验，有“行业大教堂”的美誉（图3-34）。新展馆的屋顶通过乘坐观景电梯抵达，被设计为观光游览场所，在此可以欣赏到奥伯豪森市区和西鲁尔区较完整的景致。目前，奥伯豪森的煤气储罐已经成为鲁尔区的重要象征之一。

3.2.3　功能转化为体育设施

筒仓所具有的尺度巨大、内向封闭、空间规整、结构稳定等特质，使其有条件改造再利用为适合攀岩、潜水等特殊体育运动的设施。研究选取加拿大蒙特利

图3-33 奥伯豪森“煤气储罐”外观局部

图3-34 奥伯豪森“煤气储罐”改造后内景局部

尔Redpath糖厂筒仓更新为攀岩健身馆（Allez UP Rock Climbing Gym）、荷兰阿姆斯特丹污水处理仓（Silos Zeeburg）改造设计为室内攀岩设施、德国蒂森钢铁厂储气罐再利用为北杜伊斯堡景观公园潜水俱乐部等案例加以论述。

案例8. 加拿大蒙特利尔Redpath糖厂筒仓更新为攀岩健身馆（Allez UP Rock Climbing Gym）①②③④⑤

蒙特利尔Redpath糖厂筒仓（Montreal Redpath Sugar Silo）位于加拿大蒙特利尔西南区，地处城市复兴的主要区域，场地西北侧临运河（图3-35）。该糖厂于1854年由实业家约翰·雷德帕思（John Redpath）创建于蒙特利尔市；1959年，该厂与Canada Sugar Refining Company Limited合并；此后，历经两次产权变更后归

① The Redpath Sugar Refinery[EB/OL]. [2017-03-01]. http://www.mybis.net/itp/Montreal/html/sthenri56.php.

② Daniel Smith, Karine Renaud, Anik Malderis，tienne Penault, Cindy Neveu, Mélanie Quesnel, Stéphan Vigeant, Stéphane Brugger. 废弃筒仓变身攀岩健身房——蒙特利尔Allez-Up攀岩健身房[J]. 设计家，2014(6)：104-107.

③ Allez UP Rock Climbing Gym / Smith Vigeant Architectes[EB/OL].（2014-02-19）[2016-10-30]. http://www.archdaily.com/477963/allez-up-rock-climbing-gym-smith-vigeant-architectes.

④ 夏天. 向上的力量——AllezUp攀岩训练中心[J]. 室内设计与装修，2004（7）：16-17.

⑤ Dick Nieuwendyk, Redpath Sugar——Then & Now Montreal[EB/OL]. [2017-03-01]. http://mtltimes.ca/redpath-sugar-then-now-montreal/.

属American Sugar Refining 公司；1980年，该工厂关闭；关于厂区中废弃建筑的处理历经多年讨论，最终于2002年，由Gueymard房地产公司购买了这些建筑并将其转化为豪华公寓。该糖厂的筒仓建于1952年，高约45m，多年处于闲置状态；2013年，由加拿大的Smith Vigeant Architectes建筑事务所的丹尼尔·史密斯（Daniel Smith）主持设计，该筒仓建筑被更新为现代极简主义风格的Allez. UP攀岩健身馆（Allez. UP Rock Climbing Gym），成为加拿大将筒仓转化为体育设施的首个案例；更新后的健身馆建筑面积为1220m²，该更新项目从蒙特利尔工业历史文化遗迹中发掘经济开发潜力，丰富了运河沿岸休闲和旅游业的开发业态和内容（图3-36、图3-37）。

Redpath糖厂筒仓的结构和高度适合作为专业攀岩训练的载体。建筑内部空间在原空间围构形态基本保持不变的情况下，通过室内设计满足攀岩健身馆功能要求，营造富有动感的空间氛围；而攀岩壁的造型、图案和落脚点丰富的色彩等源于该建筑的历史文化渊源——糖厂，唤醒人们对所在场所旧时的回忆，也形成

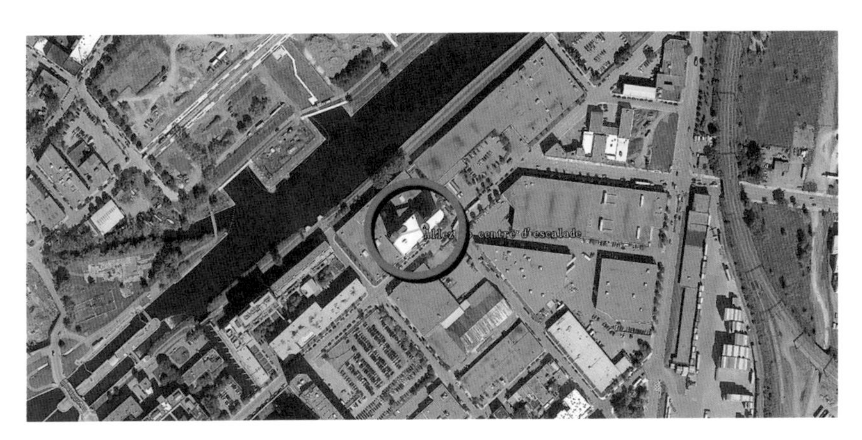

图3-35　加拿大蒙特利尔Redpath糖厂筒仓更新为Allez. UP攀岩健身馆位置图

图3-36　Allez. UP攀岩健身馆外观（一）

图3-37　Allez. UP攀岩健身馆外观（二）

一系列抽象的艺术韵律。攀岩墙的布置为初学者以及经验丰富的登山者提供了许多不同的路线；大落地窗引入了自然光和自然通风；为避免攀岩使用粉尘对空气质量的影响，建筑采用了一个复杂而特殊的空气净化系统；采用辐射地板用于降温或采暖，这些方法有效提升了室内环境质量（图3-38、图3-39）。

图3-38 Allez. UP攀岩健身馆室内局部

图3-39 Allez. UP攀岩健身馆内景

案例9. 德国蒂森梅德里希钢铁厂煤气储罐再利用为北杜伊斯堡景观公园潜水中心①②③④⑤⑥

德国蒂森公司（August Thyssen）的梅德里希钢铁厂（Meiderich Ironworks）位于鲁尔区的杜伊斯堡市北部，总占地面积230hm^2（2.3km^2）；钢铁厂于1903年投产，是高产量的钢铁企业；1985年，钢铁厂关闭；1989年，北莱因—威斯特法伦州政府机构在一项房地产基金的支持下购买了钢铁厂的用地，组建了开发公司；杜伊斯堡市也调整了规划，将该工厂改造项目纳入“国际建筑展埃姆舍公园”计划“绿色框架”主题下的景观公园系统中，作为前期的探索性重点项目，并于1990年举办了景观规划的国际设计竞赛；1991年竞赛结果公布，德国景观设计大师彼得·拉兹（Peter Latz）的方案中标；1994年夏天，北杜伊斯堡景观公园对公众正式开放。

钢铁厂的煤气储罐位于厂区中心，1号、2号高炉东侧（图3-40）。在生铁制造过程中产生的大量高炉煤气除一部分用于作为发电机房的能源外，其余的都储存在该煤气储罐中。该罐体直径45m、深度13m，可存储高达2万m^{3}的高炉煤气。煤气储罐于1996年完全停止使用，其后对其清洗并去除残留物；1997年，去除了重达260万吨的球罩；1998年，在罐体底部放置了重达300t的碎石；1998年9~11月，潜水俱乐部向气罐内注入了2.1万m^{3}的水，将其改造为欧洲最大的人工潜水中心。为增加潜水的趣味性，煤气储罐底部被放置了人造礁石、12m长的摩托游艇残骸、一架坠毁的飞机残骸、2辆废弃的汽车残骸、两个潜水钟、管道等诸多设施。水体的温度根据季节的变化在3℃~23℃之间变动，以满足潜水爱好者对水温的要求（图3-41、图3-42）。

---

① 刘抚英，邹涛，栗德祥. 后工业景观公园的典范——德国鲁尔区北杜伊斯堡景观公园考察研究[J]. 华中建筑，2007，25（11）：77-84.

② The giant storage vessel[EB/OL]. [2017-03-02]. http://en.landschaftspark.de/the-park/gasometer/history.

③ Der Tauchgasometer[EB/OL]. [2017-03-02]. http://www.tauchundnaturfreund.de/ubersicht/begleitung/gasometer/gasometer.html.

④ Tauchrevier Gasometer[EB/OL]. [2017-03-02]. http://www.unterwasserwelt.de/html/tauchgasometer_duisburg.html.

⑤ Recommended Reviews for TauchRevier Gasometer[EB/OL].（2011-12-23）[2017-03-02]. https://www.yelp.com/biz/tauchrevier-gasometer-duisburg.

⑥ Tauchrevier Gasometer[EB/OL]. [2017-03-02]. http://www.esox-dive.de/Events/Gasometer_2010.html.

图3-40　德国蒂森梅德里希钢铁厂煤气储罐位置图

图3-41　北杜伊斯堡景观公园潜水中心外观

图3-42　北杜伊斯堡景观公园潜水中心内景

图3-43 Lewiston筒仓餐厅位置图

3.2.4 功能转化为餐饮设施

调研表明，具有显著形体、空间特征或历史文化属性的小型筒仓可以再利用为富有特色的餐饮设施，而大尺度筒仓类建筑再利用为公共设施或综合设施的项目很多都包含餐饮功能。

案例10. Lewiston筒仓再利用为餐厅（Lewiston, NY, The Silo Restaurant）①②

筒仓位于纽约州刘易斯顿（Lewiston）市西部、尼亚加拉河畔（图3-43）。筒仓所处地区其时被称为“Hojack”，有大量游客通过大峡谷铁路线路来到这里观光游览。该筒仓建造于20世纪30年代，用于存放供轮船使用的煤炭，见证了当时滨水区的繁荣。1938年，大峡谷铁路废弃，通往多伦多高速公路的建设以及河

---

① The silo[EB/OL]. [2017-03-10].http://www.lewistonsilo.com/history/

② Ice jam of 1938[EB/OL]. [2017-03-10]. http://www.lewistonsilo.com/ice-jam-of-1938/

图3-44 Lewiston筒仓外观（一）

图3-45 Lewiston筒仓外观（二）

道的严重污染等使滨水区的活动频率下降。河道冰塞使码头遭到了破坏，只遗留下筒仓，也由于筒仓的存在使其周边的建筑免遭冰塞的破坏。1978年，该滨水区得以更新，河道污染被清除，河流得到净化，也吸引了来自美国东北部的渔民，但该筒仓一直被闲置。1997年，理查德·哈斯汀斯（Richard Hastings）提出将筒仓改造为餐厅，增建一个环绕筒仓的平台，为顾客提供更多就餐位置，顾客可以在平台上俯瞰整个河道的壮观景色。该提议得到了市长理查德·索卢瑞（Richard Soluri）的支持，并给予资金资助。1998年4月，“筒仓餐厅”开业，由哈斯汀斯的儿子艾伦经营。艾伦倡导绿色环保的经营理念，采用基于“绿色制造”的餐具、将食品加工后的油再利用为能源以及将废弃的铁路机车用作筒仓的冰淇淋餐

图3-46　Lewiston筒仓外观（三）

图3-47　Lewiston筒仓外观（四）

厅。“筒仓餐厅”历经了刘易斯顿滨水区的百年变迁，在营造富有特色的餐饮设施的同时，也保护和传承了地区的历史文化（图3-44~图3-47）。

3.3　筒仓功能转化为居住设施

多筒高立筒仓建筑形体由仓筒排列组合形成，具有显著的单元组合空间特征，适于改造再利用为单元式居住设施；对于一些仓筒数量少、尺度大、筒壁厚以至难以切割的筒仓，可以利用仓筒结构作为支撑体系，而新建的居住体外挂在仓筒壁上，形成通廊式居住空间。本研究选取丹麦哥本哈根弗洛兹洛双子星

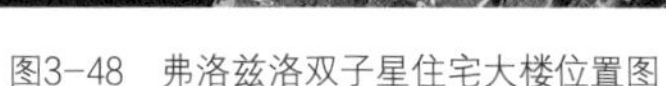

图3-48　弗洛兹洛双子星住宅大楼位置图

图3-49　改造前筒仓外观

住宅大楼（Frøsilo. Gemini Residences）、澳大利亚霍巴特筒仓（Hobart Silo）、澳大利亚墨尔本伊斯灵顿筒仓（Islington Silo）、丹麦哥本哈根维恩伯格筒仓（Wennberg Silo）、南非约翰内斯堡Mill Junction Silo粮食筒仓、美国俄亥俄州阿克伦市桂格燕麦厂粮食筒仓再利用为学生宿舍、挪威奥斯陆市学生宿舍中心（Oslo's Grünerløkka Studenthus）等案例进行介绍分析。

案例11. 丹麦哥本哈根弗洛兹洛双子星住宅大楼（FRØSILO. Gemini Residences）[①]

FRØSILO筒仓位于丹麦哥本哈根的布莱格（Brygge）群岛的港口区域（图3-48），由两座相同的筒仓组成，双筒仓高42m，直径25m（图3-49）。该筒仓曾作为1909年建立的丹麦哥本哈根的大豆加工厂的种子筒仓，建于1963年。工厂于1992年停产关闭，该筒仓于2001~2005年得以改造，再利用为名为“弗洛兹洛双子星住宅大楼”的滨海酒店式高级公寓，由MVRDV建筑设计事务所完成建筑设计[②③④]。

① MVRDV. 弗洛兹洛双子星住宅大楼[J]. El CROQUIS建筑素描，2014（2）：54-67.

② Frøsilo lakóegyüttes, Koppenhága - MVRDV[EB/OL].（2015-08-17）.http://tarsas2010.blog.hu/2015/08/17/fr_silo_koppenhaga_mvrdv.

③ WENNBERG SILO[EB/OL]. [2016-10-17]. http://www.dac.dk/en/dac-life/copenhagen-x-galleri/cases/wennberg-silo/.

④ https://en.wikipedia.org/wiki/Gemini_Residence.

图3-50　改造施工过程中的FRØSILO筒仓

原筒仓壁厚重的钢筋混凝土结构使在其上切割开孔洞非常困难，为保持筒仓原有的形态和空间特征，建筑师将筒仓仓体作为结构支撑体系，公寓结构悬挂在仓体外部，形成原仓筒的玻璃外表皮，为公寓提供了开阔的视野和良好的景观；筒仓内部基本上维持原形态，形成两个明亮的中庭空间，部分楼梯、电梯和走廊等交通空间围绕中庭布设；两个中庭顶部加盖了用于自然采光的膜屋顶。改造后的建筑包括84套公寓，面积从84m^{2}到200m^2；公寓建筑共8层，在建筑底部保持原筒仓形态，以粗拙、厚重的质感回应建筑历史文化，并与新建部分的现代风格形成对比，融合共生①②③④（图3-50~图3-54）。

① Gemini Residences, Frøsilo[EB/OL]. [2010-10-20]. http://www.architecturenewsplus.com/projects/137.

② FRØSILIO[EB/OL]. [2010-10-20]. https://www.mvrdv.nl/zh/projects/frosilio.

③ Frøsilos[EB/OL]. [2010-10-20]. http://www.architravel.com/architravel/building/frosilos/frosilos_1/.

④ Frøsilos[EB/OL]. [2010-10-20]. http://www.architravel.com/architravel/building/frosilos/frosilos_1/.

图3-51　FRØSILO筒仓改造为公寓后的外观

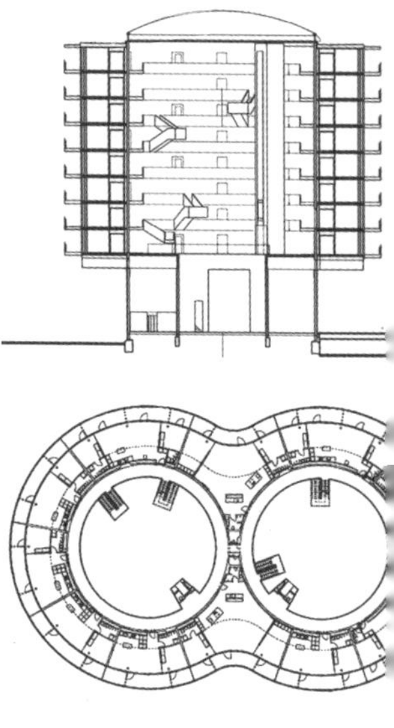

图3-52　改造后建筑的剖面与平面

图3-53　筒仓内部改造后中庭内景局部

图3-54　新建部分外表皮局部

图3-55　澳大利亚霍巴特筒仓位置图

案例12. 澳大利亚霍巴特筒仓（Hobart Silo）更新为公寓[①②]

霍巴特筒仓位于澳大利亚霍巴特市中心南部的百特立角区（图3-55），建成于20世纪50年代，包括4座筒仓，用作存放谷物的仓库。2000年7月开始对筒仓进行改造，由HBV建筑师事务所（HBV Architects）进行改造设计，再利用为高级住宅；历时17个月，改造项目于2001年12月建设完成。再生后的霍巴特筒仓作为霍巴特天际线的标志，可以欣赏著名的萨拉曼卡（Salamanca）地区的海岸线景观，也成为该市最受市民欢迎的建筑之一。

原筒仓更新利用为10层共30套的高级公寓，其中，1~6层为单筒仓、单层的双居室公寓，7~8层为双筒仓三居室公寓，9~10层为双筒仓、双层的复式公寓。建筑以筒仓的钢筋混凝土外壁作建筑外围护结构；在新的结构体系中采用了预制钢筋混凝土梁、柱，现浇钢筋混凝土楼板；在设备方面，配置了最先进的消防和安全保护系统（图3-56~图3-57）。

① Hobart Silo[EB/OL]. [2016-10-10]. http://www.fairbrother.com.au/project/hobart-silos/.

② Silo apartments[EB/OL]. [2016-04-28] https://www.emporis.com/buildings/176376/silo-apartments-hobart-australia.

图3-56 澳大利亚霍巴特筒仓外观

图3-57 澳大利亚霍巴特筒仓外观与环境

案例13. 澳大利亚墨尔本伊斯灵顿筒仓（Islington Silo）更新为公寓①②③

伊斯灵顿筒仓位于澳大利亚墨尔本博物馆东1.6km，伊斯灵顿大街与兰格里奇大街交汇处西100m处（图3-58）。该筒仓是于1878年由托马斯·霍德建造，为当地包括维多利亚啤酒厂在内的酿酒公司存储麦芽的仓库，代表了该地区早期的工业发展水平，后麦芽仓库得以扩建并与相邻的筒仓相连接。2013年，由MAP建筑设计公司完成改造设计，将其再利用为高级公寓。建筑师的设计理念是创造一个具有创新性的地标建筑，强调建筑与周边环境的关系，并通过限制建筑外部装饰减少对筒仓原有形式的破坏，以保护建筑的形态完整性、材料的自然属性和历史价值，将建筑的历史感与现代感有机结合。改造后的筒仓布置了48套公寓，每

① Islington Silo[EB/OL]. [2017-04-20] http://www.melbournerealestate.com.au/wp-content/uploads/2014/08/Silos-Residents-Manual.pdf.

② Islington silo[EB/OL]. [2016-10-09]. http://www.melbournerealestate.com.au/islington-silos/.

③ Islington Silos[EB/OL]. [2016-10-09]. <https://www.facebook.com/media/set/?set=a.10150156105168557.291374.32 3329798556&type=3>.

图3-58　澳大利亚墨尔本伊斯灵顿筒仓位置图

一层安置两套公寓，每套公寓都横跨四个圆筒空间；两个玻璃幕墙作为外表皮的阁楼被安置在筒仓顶层，在外观形式上形成漂浮感；建筑的曲面外墙提供了开敞的景观视角，站在阳台处可以俯览城市全景，宽敞的室内空间有利于组织室内空气的流通以及获得充足的采光；筒仓公寓内部配置了Bontempi整体厨房、精致的橱柜、由Miele电器提供的LED照明碗橱以及综合制冷系统。目前，改造后的伊斯灵顿筒仓综合体已成为科林伍德大街中重要的地标建筑（图3-59~图3-62）。

图3-59　澳大利亚墨尔本伊斯灵顿筒仓外观（一）

图3-60　澳大利亚墨尔本伊斯灵顿筒仓外观（二）

图3-61 澳大利亚墨尔本伊斯灵顿筒仓外观局部（一）

图3-62 澳大利亚墨尔本伊斯灵顿筒仓外观局部（二）

案例14. 丹麦哥本哈根维恩伯格筒仓（Wennberg Silo）更新为公寓①

维恩伯格筒仓位于丹麦哥本哈根的布莱格（Brygge）群岛航道东岸的港口区域，与FRØSILO筒仓毗邻（图3-63）。该筒仓于20世纪60年代建成，其所在工厂是岛上最大的工厂之一。该工厂在1992年关闭，此后的十年间筒仓也逐渐废弃。筒仓改造项目由建筑师塔格·林恩伯格·塔格斯特（Tage Lyneborg Tegnestue）完成设计，由NCC Construction Danmark A/S公司承建，于2004年开始实施。更新后的筒仓建筑共16层，包括142个出租公寓，面积75~152m^2不等；建筑第13层设计为一个宽敞的公共屋顶露台。建筑师的设计理念是尽可能保留筒仓建筑富有力量感的整体外观，通过新与旧元素的融合保留对工业历史文化的记忆。丹麦哥本哈根维恩伯格筒仓更新后外观见图3-64、图3-65。

案例15. 南非约翰内斯堡Mill Junction Silo粮食筒仓更新为学生宿舍②③

Mill Junction Silo粮食筒仓位于南非东北部约翰内斯堡市Braamfontein火车站南（图3-66），可以方便到达特兰斯大学、约翰内斯堡大学等。该筒仓建于1904年，主要用于储藏谷物。筒仓建筑包括10个仓筒。筒仓在被废弃了将近50年后，被改造再利用为学生宿舍，以解决约翰内斯堡学生宿舍的短缺问题。筒仓建

① WENNBERG SILO[EB/OL]. [2016-10-17]. http://www.dac.dk/en/dac-life/copenhagen-x-galleri/cases/wennberg-silo/.

② Marco S. Mill Junction[EB/OL].（2014-05-14）[2016-10-08].http://www.domusweb.it/en/architecture/2014/05/13/mill_junction.html.

③ Container City[EB/OL].（2014-02-24）[2016-10-08]. http://www.metropolismag.com/Point-of-View/February-2014/Container-City/.

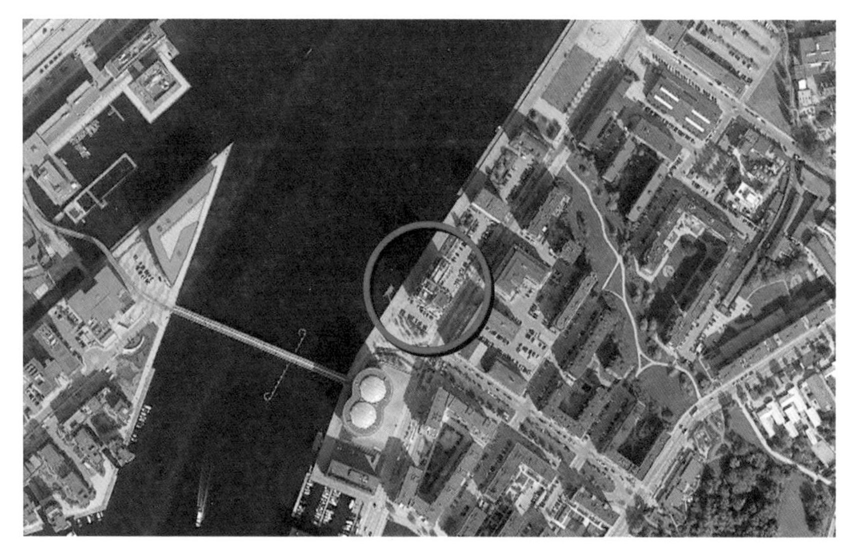

图3-63　丹麦哥本哈根维恩伯格筒仓位置图

图3-64　维恩伯格筒仓更新后外观

图3-65　维恩伯格筒仓更新后外观局部

筑改造由Citiq公司开发建设，于2014年11月竣工。改造后的建筑利用废弃多年的集装箱在原10层的筒仓顶部加建了4层，共设置了375间学生宿舍，包括单人间和双人间等，以及为学生学习和生活服务的研究室、图书馆、多媒体设施、娱乐设施、公共厨房、酒吧以及攀援墙等设施；所有的空间都被刷上鲜艳、明亮的颜色；在屋顶的露天平台上布置了人工草坪。改造完成后的Mill Junction筒仓成了一个具有现代感的标志性建筑。南非约翰内斯堡Mill Junction Silo粮食筒仓更新后外观见图3-67、图3-68。

由于节约用地以及建筑建造成本较低，Citiq公司用更多的投资在公寓内部配置了无线网络、指纹识别系统、供热设备、供热水系统、用于控制双层玻璃窗开闭的光线传感器、运动感应照明以及其他节能设备，由此住户不仅拥有较舒适、安全的住宿条件，而且每月在用水和用电方面可以节约40%的花费。

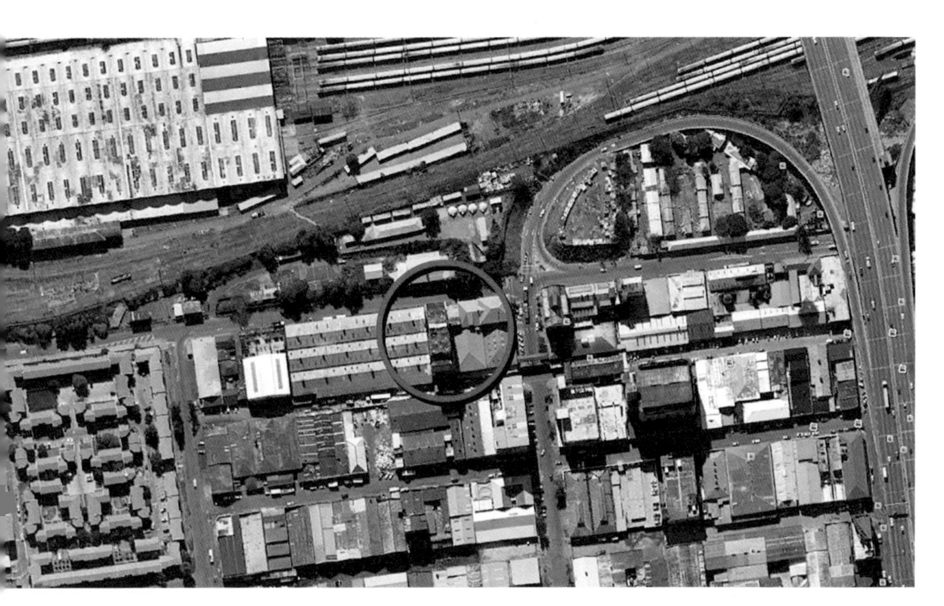

图3-66　南非约翰内斯堡Mill Junction Silo粮食筒仓位置图

图3-67　南非约翰内斯堡Mill Junction筒仓更新后外观（一）

图3-68　南非约翰内斯堡Mill Junction筒仓更新后外观（二）

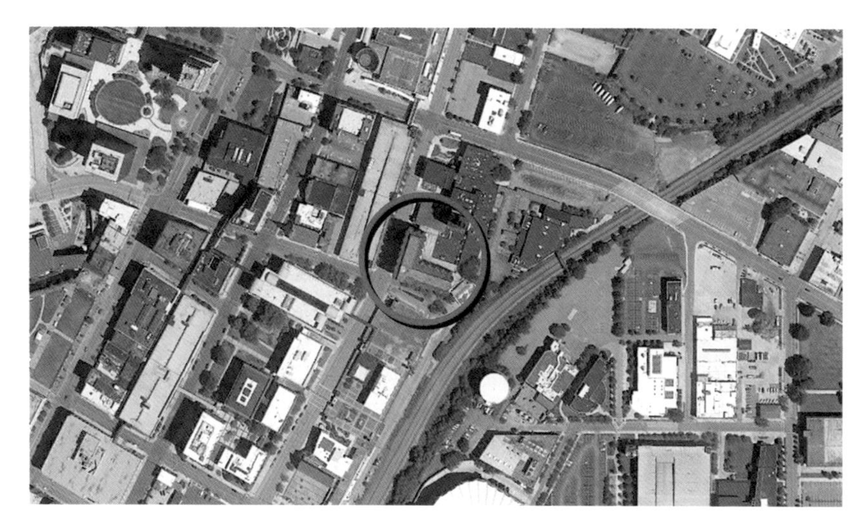

图3-69　美国俄亥俄州阿克伦市桂格燕麦厂粮食筒仓位置图

案例16. 美国俄亥俄州阿克伦市桂格燕麦厂粮食筒仓再利用为学生宿舍①②③

桂格燕麦厂粮食筒仓位于美国俄亥俄州的阿克伦市，阿克伦大学西北方向0.66km处（图3-69）。桂格燕麦厂建筑群包括磨坊、车间厂房和筒仓。其筒仓建于1932年，建筑体型庞大，由36个仓筒组合而成，每个仓筒高120英尺，直径24英尺。1970年，桂格燕麦公司迁至芝加哥，筒仓被私人投资者购置；此后，它被改造为酒店综合体，于1975年全面对外开放。改造后的筒仓建筑包括196间酒店标准客房、6间套房、会议室、餐厅、购物中心和世界上最大的模型火车展览厅等。改造工程建设实施过程技术难度较高，在厚重的钢筋混凝土筒仓壁上开凿用于安置窗户和阳台的洞口且不损毁原筒仓，在当时的技术条件下十分困难，工人使用金刚石刀片对7英寸厚的钢筋混凝土墙体进行切割开洞。2007年，阿克伦大学购买了该筒仓，将酒店功能改造为学生宿舍，原有的多数商店改造为办公室，而商店、会议室和餐厅等其余部分仍向公众开放。2015年9月，筒仓全部房间专

① Anita B. Quaker Square[EB/OL].（2013-12-02）[2016-10-22]. https://www.theclio.com/web/entry?id=387.

② Karen S. A silo with a view: inside the Quaker Square inn[EB/OL].（2011-07-13）[2016-10-22]. http://www.saveur.com/article/Travels/A-Silo-with-a-View-Quaker-Square-Inn.

③ Anita B. Quaker Square[EB/OL].（2013-12-02）[2016-10-22]. https://www.theclio.com/web/entry?id=387.

图3-70　桂格燕麦厂粮食筒仓更新前整体外观

图3-71　桂格燕麦厂粮食筒仓更新前外观局部

图3-72　桂格燕麦厂粮食筒仓更新后外观

图3-73　桂格燕麦厂粮食筒仓更新后外观局部

供大学学生使用。桂格燕麦厂粮食筒仓更新再利用前后外观见图3-70~图3-73。

案例17. 挪威奥斯陆市学生宿舍中心（Oslo's Grünerløkka Studenthus）[①②③]

筒仓位于挪威奥斯陆葛鲁尼洛卡、奥斯陆高中南400m处（图3-74）。筒仓始建于1953年，用于存放玉米谷物。该筒仓高约53m，包括3列、每列7个、共21个

① Grünerløkka studenthus[EB/OL]. [2016-10-27]. https://no.wikipedia.org/wiki/Gr%C3%BCnerl%C3%B8kka_studenthu.

② Mark B. Oslo's Grünerløkka Studenthus is a Student Housing Complex Located in a Former Grain Elevator[EB/OL].（2013-03-19）[2016-10-27]. http://inhabitat.com/oslos-grunerlokka-studenthus-is-a-student-housing-complex-located-in-a-former-grain-elevator/.

③ Grünerløkka studenthus[EB/OL]. [2016-10-27]. https://no.wikipedia.org/wiki/Gr%C3%BCnerl%C3%B8kka_studenthus.

图3-74　挪威奥斯陆市学生宿舍中心位置图

图3-75　挪威奥斯陆市学生宿舍中心外观

图3-76　挪威奥斯陆市学生宿舍中心外观局部

仓筒。该筒仓建筑在20世纪50年代到90年代一直被使用。1993年，当地政府计划对其进行改造，再利用为学生公寓，公寓的每个房间都是圆弧形。项目于1999年开始实施，2001年改造完成，改造后该建筑获得了2002年“奥斯陆建筑奖”。

改造后的学生公寓面积约9000m^2；建筑共19层，其中3层为公共空间，筒仓的屋顶露台为公共区域，公共洗衣间也位于楼顶；公寓的主入口设在筒仓侧面。筒仓外壁开设窗洞口，窗户底部使用彩色玻璃板。该项目建设总投资近3000万美元；2008年，建筑因漏水维修消耗费用约300~500万美元。挪威奥斯陆市学生宿舍中心外观见图3-75、图3-76。

3.4 筒仓功能转化为综合设施

该模式是指在筒仓的更新再利用中采用了上述2种或2种以上的功能转化模式，典型案例主要有：维也纳煤气储罐建筑群更新项目、宁波太丰面粉厂立筒仓、北京首钢西十筒仓、波兰华沙筒仓再生为“潜水和室内跳伞训练中心”（Diving and Indoor Skydiving Centre）设计方案、NL设计的荷兰阿姆斯特丹Silos Zeeburg改造设计方案等。

案例18. 维也纳煤气储罐（Vienna Gasometer）建筑群更新项目①②③④⑤

维也纳煤气储罐建筑群位于维也纳市内城东的Simmering区（该区在20世纪70年代以前曾作为维也纳最重要的工业聚集地）、维也纳火车总站东，北部为多瑙河（图3-77）。建筑群由4座高72.5 m、直径64.9 m的罐体和1座控制室组成，每座罐体的容积约为9万立方米。该建筑群始建于1886年，于1899年建成，曾作为维也纳城市煤气主要供应源。20世纪70年代，维也纳能源逐渐从煤气转换成天然气。1986年，煤气储罐建筑群逐渐被废弃，原功能终止，罐体内部设备被陆续拆除，新古典主义风格的建筑主体作为保护性建筑被保存下来（图3-78）。1989年，奥地利本土建筑师曼弗瑞德·维多恩（Manfred Wehdorn）将煤气储罐建筑群更新再利用作为研究课题。2001年，维也纳启动煤气储罐建筑群的再利用项目，并将4座煤气储罐建筑的改造设计方案分别委托给4个国际著名的建筑师或建筑设计机构：法国建筑师让·努维尔（Jean Nouvel）、奥地利解构主义设计机构蓝天组（COOP HIMMELBLAU）、奥地利建筑师曼弗瑞德·维多恩（Manfred Wehdorn）和奥地利建筑师威尔海姆·霍兹鲍尔（Wilhelm Holzhauer）。2004年，维也纳煤气储罐改造项目建设完成并投入使用，4座综合体总成本约为1.75亿欧元，约有1500人居住生活在该综合体中，成为具有归属感的典型的奥地利部落居住模式，每年吸引约380万人次的游客前往参观游览。

---

① 邓雪娴. 变废为宝——旧建筑的开发利用[J]. 世界建筑，2012（12）：63-65.

② 杨曦. 旧工业建筑的改造与可持续发展策略分析——以维也纳煤气罐新城改造项目为例[J]. 四川建筑科学研究，2015，41（5）：123-126.

③ 冯阳. 相得益彰——维也纳煤气罐新城设计观感[J]. 南京艺术学院学报，2007（04）：179-182.

④ 高震. 旧建筑更新改造中镶嵌式设计手法研究[D]. 沈阳建筑大学，2012.

⑤ THE GASOMETER CITY VIENNA：SIMMERING’S NEW & OLD ATTRACTION[EB/OL]. [2017-02-26]. http://www.tourmycountry.com/austria/gasometer-city.htm.

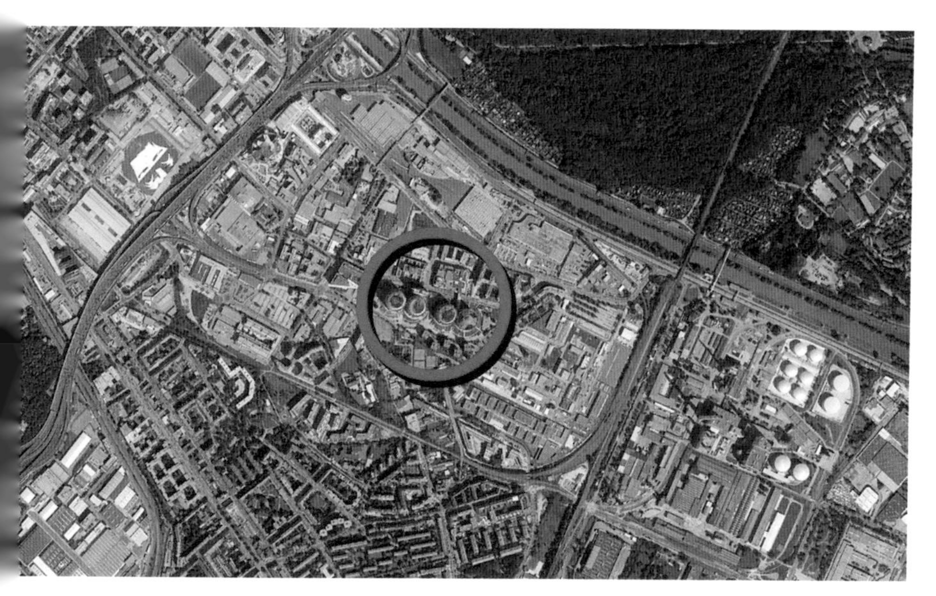

图3-77　维也纳煤气储罐更新项目位置图

图3-78　维也纳煤气储罐更新项目整体外观（由右至左依次为A、B、C、D座）

维也纳煤气储罐建筑群更新项目是功能转化为综合设施的典型案例。该更新项目最初的开发功能定位是较单一的住宅项目，但考虑到居住设施的综合配套需求，最终项目的功能定位调整为集居住、商业购物、会议、办公、休闲娱乐、旅游等为一体的综合体模式。改造完成后的维也纳煤气储罐建筑群总建筑面积约10万m^2，包括约2万m^2的购物中心、约6千m^2的会议中心、约1万m^2的档案馆、2千多平方米的影视娱乐中心、近800套住宅和公寓，以及约2千个车位的停车空间和其他附属空间等；除再利用的A、B、C、D这4座煤气储罐外，还有1栋作为文娱中心的建筑E座。

在具体的功能空间组织配置上——

A座：作为综合体起点，由让·努维尔设计，地下1层为设有74个车位的停车场；一~三层为围绕中庭的商业空间；四层以上为沿罐体内壁均匀排列的9幢12层高的塔楼，其中四~六层为办公空间，七~十五层为住宅（图3-79）。

B座：由“蓝天组”设计，原建筑外观形式保持不变，在罐体面向古格盖斯大街的一侧加建了一座现代风格的18层“盾形”板式公寓，外表皮采用玻璃幕墙；建筑的一至二层设计了2000座的会议中心，周边设有门厅、办公、银行、设

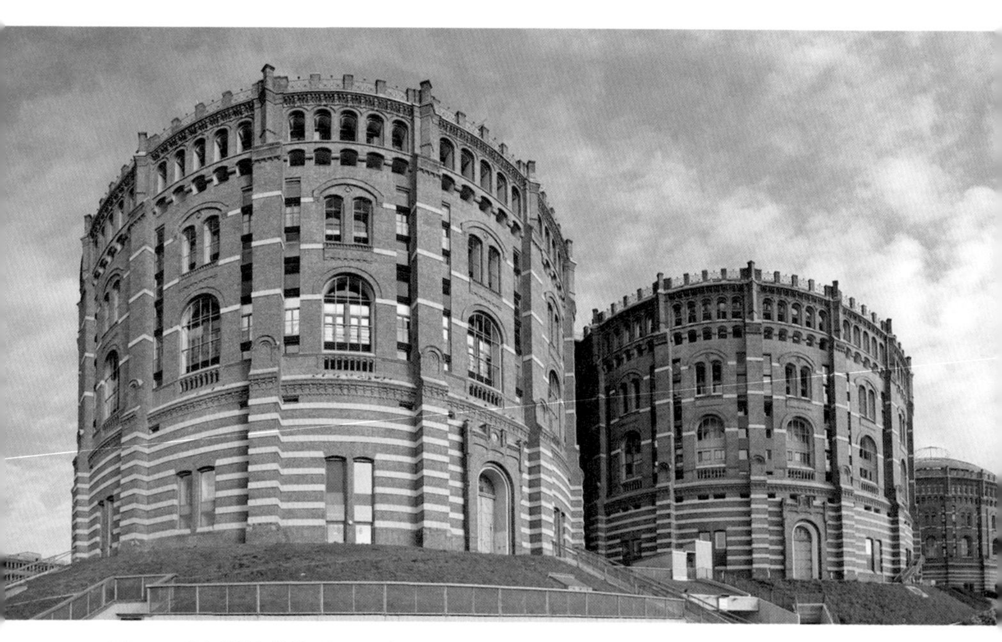

图3-79 维也纳煤气储罐更新项目外观

备用房等；三层布置了大堂（阳光大厅），并设置了与A座、C座相通的商业空间，共同构成综合体的购物中心；四层及以上为12层的环形居住建筑，包括138套公寓和247个床位的学生旅馆。

C座：由曼弗瑞德·维多恩设计，建筑底部为停车库和商场，其上为沿罐体内壁布置的、共计9层高的办公建筑和阶梯式花园住宅。C座的商业空间与B座的阳光大厅相连接，并通过长廊与E座的餐饮、娱乐、休闲空间贯通连结。

D座：由威尔海姆·霍兹鲍尔设计，主要用作维也纳城乡档案馆和住宅。建筑功能空间在垂直方向上分为两部分：32m以上部分为住宅和3个庭院，下部是维也纳城乡档案馆，办公、商业空间和车库。其中，维也纳城乡档案馆共6层，包括阅览、服务、办公以及储藏空间等。

案例19. 太丰面粉厂立筒仓[①]

太丰面粉厂立筒仓在原太丰面粉厂厂区内，位于浙江省宁波市江东区东胜街道江东北路221号曙光社区西侧，西临甬江（图3-80）。1931年，立丰面粉厂（太丰面粉厂前身）由戴瑞卿创办，并于次年开始生产；1934年，在原厂基础上，太丰面粉股份有限公司筹建；1941年4月19日，宁波沦陷，太丰面粉厂停工；1945年，抗战胜利后，太丰面粉厂全面复工；1949年5月，宁波解放，太丰面粉厂正常生产经营，作为新中国成立初期宁波工业“三支半烟囱”中的一支；1954年10月1日，太丰面粉厂公私合营，成为宁波市最早实行公私合营的企业之一；1966年，太丰面粉厂更名为“国营宁波面粉厂”；三中全会后，恢复原太丰面粉厂名称；1991年，年生产能力10万t，成为全省最大的面粉厂。依据宁波市“三江六岸文化长廊”的规划，太丰面粉厂所处的老外滩相关区域全部实施功能改造，太丰面粉厂需整体迁出，太丰面粉厂旧址保护再利用为“宁波书城”。2010年5月，宁波书城改造项目建设完成（图3-81），建筑群体包括8幢建筑，1号楼和8号楼是新建建筑，其余为厂区内的工业遗存，其中的3号楼由原面粉厂立筒仓再生而成。

太丰面粉厂的立筒仓位于面粉厂中部偏北（图3-82），用于储存面粉，钢筋混凝土结构；由2排共8个仓筒、工作塔和仓筒顶部的筒上建筑组成，筒上建筑为1层；工作塔最大高度为49.2m（图3-83）。改造再利用后的立筒仓的初期功能设定为文化艺术工坊，包括48间名人名家工作室（每间建筑面积约40m^2）、特色餐饮

① 沈磊，陈梅. 宁波太丰面粉厂改造竞赛. 建筑学报，2006（9）：31-34.

（鸿宾楼酒店）、酒吧、咖啡厅等。在原筒仓顶部的“筒上建筑”之上，采用钢结构加建了2层建筑，形成约2200m²的3层建筑，具有很好的观景效果（图3-84）。

由于受市场和经营模式的影响，该建筑功能几度变化，近期的调研（2017年2月调研结果）表明，目前立筒仓的主要功能为创意办公、主题酒店、餐饮和仓库（图3-85）。

图3-80　太丰面粉厂立筒仓位置图

图3-81　太丰面粉厂改造后整体外观

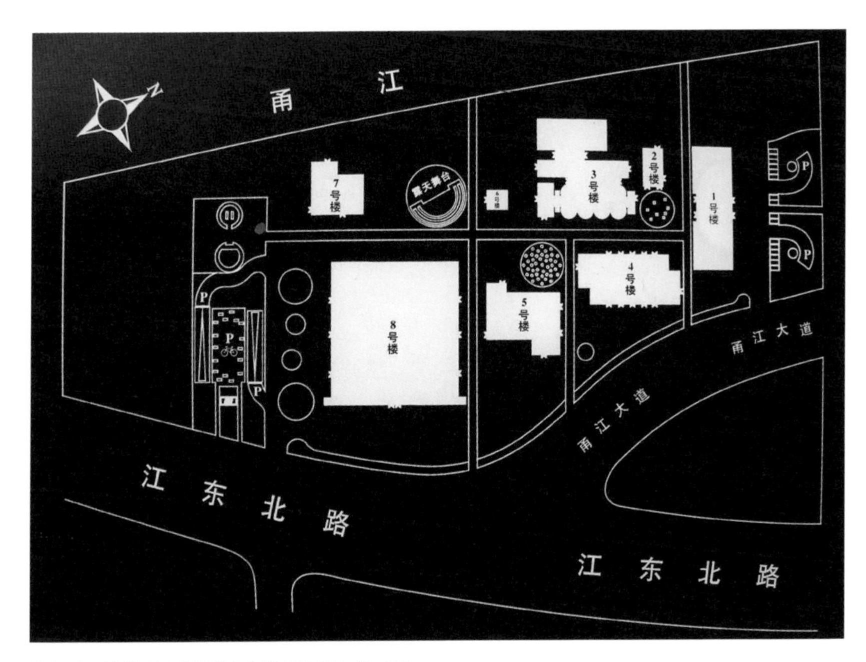

图3-82 改造后太丰面粉厂保留工业遗产位置图

图3-83 太丰面粉厂立筒仓改造前外观

图3-84　太丰面粉厂立筒仓改造后外观（2011年）

图3-85　太丰面粉厂立筒仓改造后外观（2017年）

4

第4章

筒仓活化与再生——空间更新

研究表明，旧建筑空间更新可以概括为内部空间原构、内部空间重构、空间外向延拓、整体空间组合更新4种模式[①]，本研究结合案例样本分析，在上述模式框架下探讨立筒仓空间更新的方法。

4.1 内部空间原构

该模式基本保持原空间形态不变，适用于以下几种情况：

其一，再利用的目标功能空间与筒仓仓体空间形态和尺度相匹配，且无需进行空间分隔和拓延，多用于内部空间尺度大的单筒筒仓建筑。例如，芬兰赫尔辛基468号筒仓再生为光学艺术展示馆，直径36m、高17m的仓体即采用了内部空间原构模式，建筑内部空间维持原形态不变，再利用作为艺术性公共活动空间（图3-27~图3-29）；德国奥伯豪森“煤气储罐”再利用为展览馆项目利用气罐内的空气压缩盘分割展览空间，原储罐空间基本形态未做改变（图3-31~图3-34）；德国北杜伊斯堡景观公园“煤气储罐”的原空间在生产运行时其体积随着水与煤气体积变化而变化（生产运行原理见图4-1），再利用时维持原空间形态，并将其更新为潜水中心。

其二，仓壁采用厚重的钢筋混凝土结构的筒仓，其结构改造（切割、开洞等）技术难度较大，且原建筑空间可以满足更新后的功能要求，则采用“内部空间原构”模式。例如，由加拿大蒙特利尔Redpath糖厂筒仓改造的Allez-Up攀岩健身房基于该情况采用了内部空间原构模式（图3-36~图3-39）。

其三，受空间更新投资的限制，为节约建设成本而不改变原筒仓空间形态。

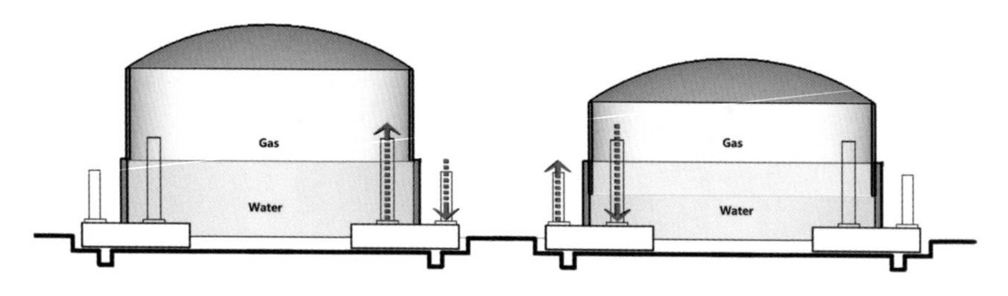

图4-1 北杜伊斯堡景观公园“煤气储罐”生产运行原理示意图

① 刘抚英，崔力. 旧工业建筑空间更新模式[J]. 华中建筑，2009，27（3）：194-197.

4.2　内部空间重构

内部空间重构模式是指基本保持建筑外部形体和内部空间尺度不变，建筑内部空间通过采用水平分划、垂直分划、局部空构、新构嵌入等方法营造与功能要求或空间体验需求相匹配的空间形态格局。

4.2.1　水平分划

“水平分划”指的是利用隔墙、家具、可移动隔断等固定或可移动的设施，按再利用后的功能要求在同一水平面对空间进行分隔的模式。该模式分划的空间具有较强的弹性，可以根据功能要求的变化进行调整。“水平分化”模式适用于单层大跨度、单层或多层框架结构等旧建筑改造再利用项目。

案例调研表明，“水平分划”模式在空间形态为高、深、窄的筒仓建筑中应用较少，但可用于多筒高立筒仓的筒上建筑（筒上层）的空间更新。典型案例是广州啤酒厂麦筒仓的筒上建筑改造为广州源计划建筑工作室总部，通过“水平分划”营造出包括工作空间、会议、模型制作、图书阅览、展览、休息及有其他辅助功能的创意设计空间（图4-2）。

图4-2　广州啤酒厂麦筒仓改造为广州源计划建筑工作室总部的室内空间

4.2.2 垂直分划

“垂直分划”模式是指在垂直方向上将原单层空间分隔为多层空间或局部加设夹层，该模式多用于层高较高的单层大跨度旧建筑或整体结构旧构筑物再利用的空间重构。现存很多高立筒仓的改造都采用了在垂直方向上对单一筒形空间进行分层处理的“垂直分划”模式，以利于提高筒仓柱体空间的利用效率。图4-3、图4-4所示为典型多筒高立筒仓再利用中采用“垂直分划”模式示意图。

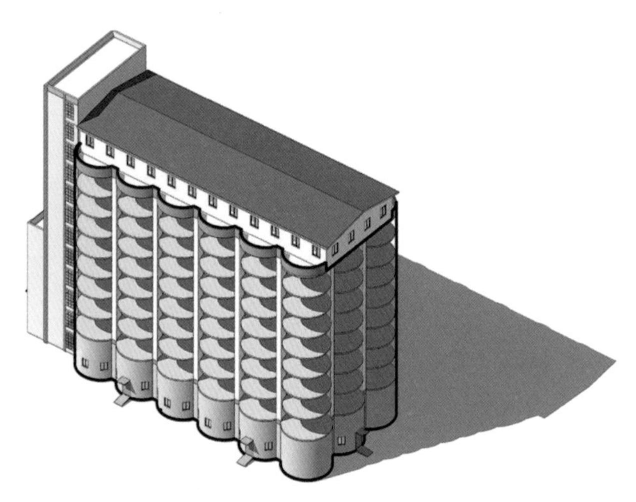

图4-3 多筒高立筒仓再利用采用“垂直分划”模式示意图

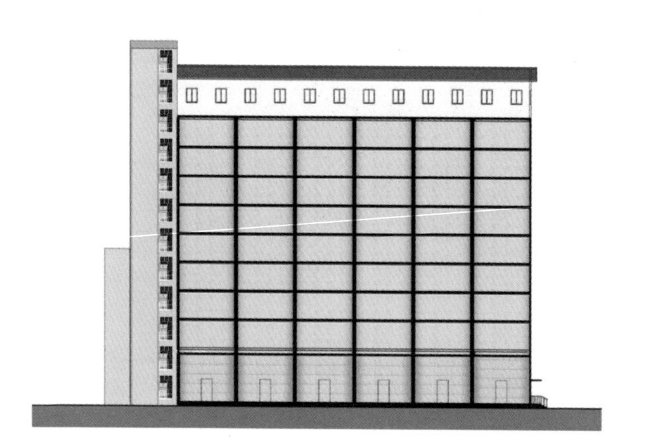

图4-4 多筒高立筒仓再利用采用“垂直分划”模式剖面示意图

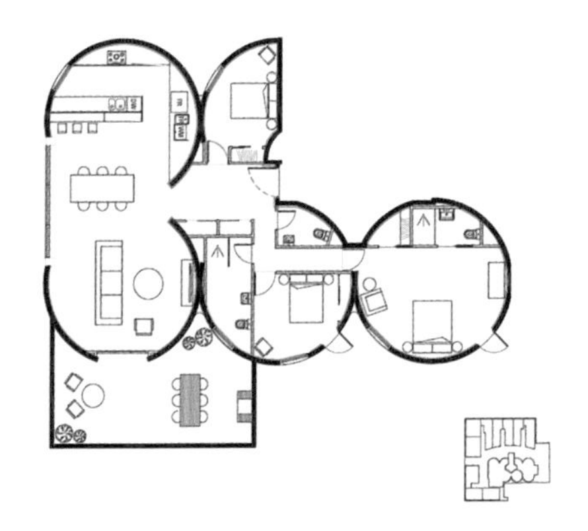

图4-5　霍巴特筒仓（Hobart Silo）更新为公寓平面图（一）

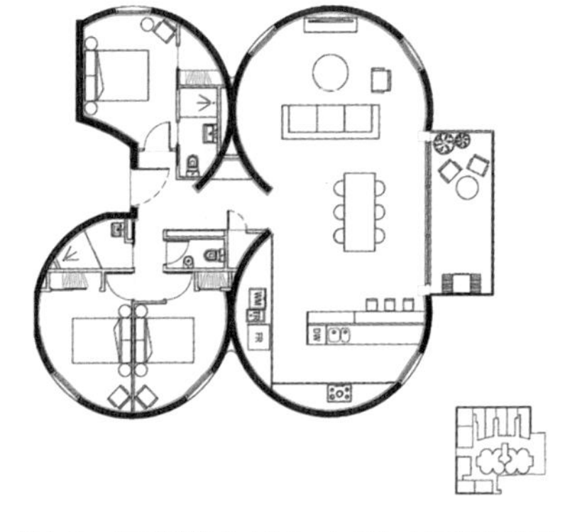

图4-6　霍巴特筒仓（Hobart Silo）更新为公寓平面图（二）

基于案例分析研究，高立筒仓更新为住宅、公寓、宿舍、办公等功能时需采用“垂直分划”模式，在保持原建筑形体的同时，利用钢筋混凝土筒仓壁作为承重结构（也有的根据结构需要增设结构柱），再布置分层的梁和楼板。

为构建合理的功能空间和顺畅、便捷的室内交通流线，筒仓内部空间重构采用“垂直分划”模式尚需注意以下几方面：

（1）原有筒仓仓壁不可能维持完全闭合状态，部分仓筒壁需要切割开洞或拆除。

（2）根据筒仓更新后的功能空间要求，“垂直分划”模式需要与“空间外向延拓或形体置换”模式相结合。

（3）为满足更新后采光、通风等功能要求，筒仓外表面仓壁需开设窗洞口。

采用“垂直分划”模式的案例主要有：澳大利亚霍巴特筒仓（Hobart Silo）更新为公寓、澳大利亚墨尔本伊斯灵顿筒仓（Islington Silo）更新为公寓（图4-5、图4-6）、丹麦哥本哈根维恩伯格筒仓（Wennberg Silo）更新为公寓（图4-7）、美国俄亥俄州阿克伦市桂格燕麦厂粮食筒仓再利用为学生宿舍（图4-8）、挪威奥斯陆市学生宿舍中心（Oslo's Grünerløkka Studenthus）等。

4.2.3　局部空构

“局部空构”模式是指将原空间构成体系部分拆解并移除，形成中空的空间构型。该内部空间重构模式常用于在旧建筑空间更新中设置中庭空间的做法。

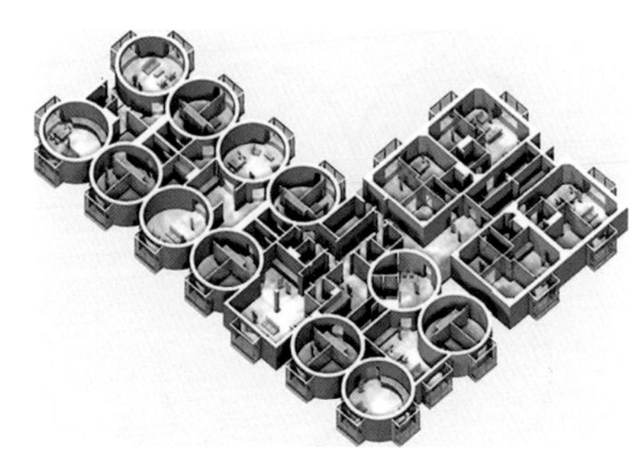

图4-7 基于“垂直分划”的维恩伯格筒仓更新为公寓标准层平面图

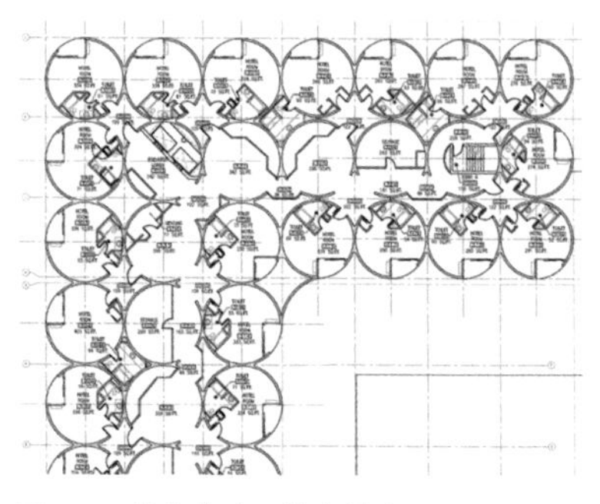

图4-8 桂格燕麦厂粮食筒仓再利用为学生宿舍标准层平面图

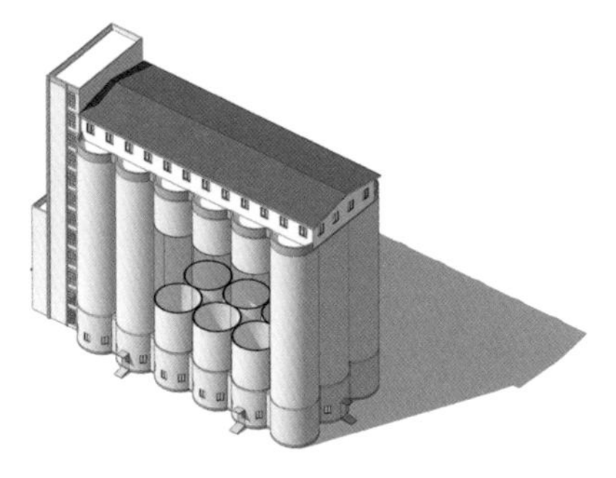

图4-9 多筒高立筒仓再利用采用“局部空构”模式示意图

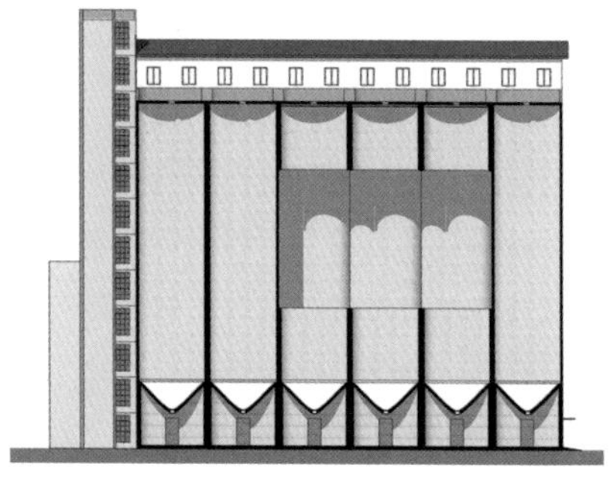

图4-10 多筒高立筒仓再利用采用“局部空构”模式剖面示意图

筒仓原内部空间由封闭的界面围合形成，其中现存较多的多筒高立筒仓由多个紧密且以阵列规则排布的筒仓形成封闭的、尺度单一的空间群簇，在空间更新中为营构中庭空间或加大空间尺度，需采用“局部空构”模式将部分柱状的仓筒移除。“局部空构”模式应用于典型多筒高立筒仓的示意图见图4-9、图4-10。

“局部空构”模式的典型案例是由Heatherwick Studio设计的南非开普敦滨水谷仓改造再利用的“非洲当代艺术博物馆”（Zeitz MOCAA）。建筑更新后拆除了部分原仓筒壁，运用先进的混凝土切割技术，从拆除后的周边8个仓筒中切割出宽敞的、大教堂般的椭球形中庭；虚空的椭球形与圆柱形仓筒壁相贯后形成了一个独特的空间边缘，在建筑空间核心生成视觉空间多维渗透交融、虚实穿插扭转的巨大的空间构型；中庭采用天窗采光，光线从空间顶部照射进来，具有强烈的视觉冲击力和多维度空间体验（图4-11~图4-14）。

图4-11　“非洲当代艺术博物馆”局部空构模型

图4-12　“非洲当代艺术博物馆”再利用中“局部空构”施工现场

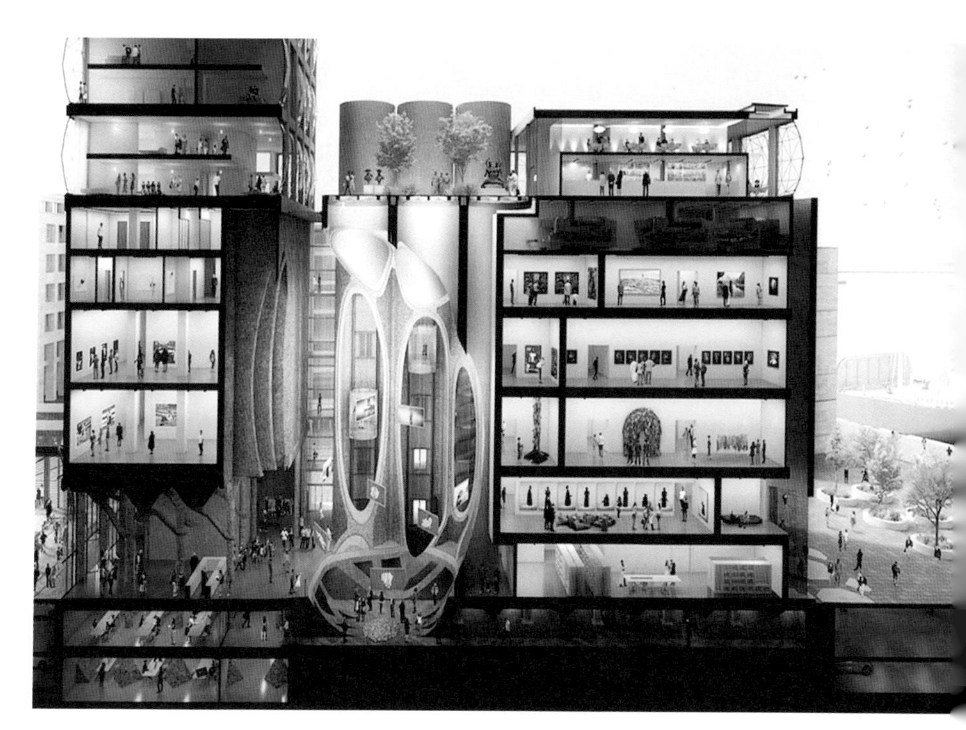

图4-13　“非洲当代艺术博物馆”剖透视（核心是由原筒仓群采用“局部空构”模式形成的空间新构型）

图4-14 “非洲当代艺术博物馆”原筒仓群采用“局部空构”模式形成的中庭空间

4.2.4 新构嵌入

“新构嵌入”模式是在建筑内部空间重构中将全新的空间构型镶嵌进原空间系统中。“新构”可以以实体的形态呈现，也可以表现为“虚”的空间。

对于直径较大的单筒筒仓建筑，可以直接将新构体嵌入，典型案例是由NL Architects建筑事务所设计的荷兰Silos Zeeburg污水处理厂筒仓改造设计竞赛方案。

案例20. NL Architects建筑事务所设计的荷兰Silos Zeeburg污水处理厂筒仓改造设计竞赛方案①

Silos Zeeburg污水处理厂筒仓位于阿姆斯特丹市东部热堡区的小岛上（图4-15）。20世纪50年代该岛交通不便；1957年，修建了连接该岛与阿姆斯特丹陆地之间的桥梁；20世纪80年代，污水处理厂建成投入使用；1996年开通了海

① 旧筒仓改造-NL architects[EB/OL].（2011-02-04）[2016-10-26]. http://www.ideamsg.com/2011/02/the-silo-competition/.

图4-15　Silos Zeeburg污水处理仓位置图

图4-16　Silos Zeeburg污水处理仓改造前外观

图4-17　Silos Zeeburg污水处理改造设计方案效果图

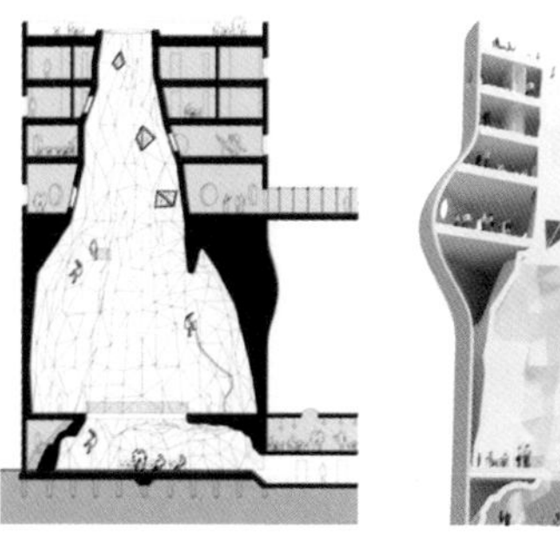

图4-18　Silos Zeeburg污水处理仓改造方案空间“新构嵌入”模式

恩隧道，将该岛与东部港区连接。Zeeburg岛曾计划发展为拥有5500户居民的住宅区，但2008年金融危机爆发，使得这里的建筑活动停滞，该开发项目也被搁置。Silos Zeeburg污水处理仓由3座单筒筒仓组成（图4-16）；筒仓废弃后，阿姆斯特丹议会针对其中的两座筒仓（第三座筒仓拟改造为办公设施）再利用为多功能文化设施举行了名为“筒仓”的设计竞赛，NL Architects建筑事务所的方案是将筒仓设计成用于攀援的体育文化设施，主要功能包括攀岩中庭、旅馆、餐厅、训练房、音乐厅、电影院等。在攀岩中庭的设计中，建筑师在圆柱形筒仓空间中嵌入了富有趣味性的倒锥形攀爬空间构型（图4-17、图4-18）。

对于多筒高立筒仓建筑，需要先采取“局部空构”模式提供足够的空间，再将“新构”嵌入。例如，“非洲当代艺术博物馆”（Zeitz MOCAA）设计中即采用了“局部空构”模式后，嵌入了椭球形“虚”的空间构型。

4.3 空间外向延拓或形体置换

4.3.1 形体周边外向延拓

立筒仓形体周边外向延拓可分为“并列型外向延拓”和“包围型外向延拓”两类。

4.3.1.1 并列型外向延拓

“并列型外向延拓”是指外拓空间与原建筑体量并置的扩建方法。典型案例包括：丹麦Løgten的筒仓改造为居住综合体（stringio），挪威奥斯陆粮食筒仓再利用为Sinsen Panorama公寓项目。

案例21. 丹麦Løgten的筒仓改造为居住综合体

Løgten筒仓位于丹麦奥胡思（Aarhus）北面的Løgten镇郊外（图4-19、图4-20），原筒仓作为新建筑的核心筒，内部设置了楼梯和电梯，筒仓屋顶作为露台；增建的21个高品质单元公寓如乐高积木般附着在筒仓周围，与原筒仓并置；在建筑一侧露出原筒仓以保持建筑的历史感，并以此作为农村的历史标记；改造后筒仓的底部设置新“城镇中心”，由综合商店、超市、有露台的住房与绿色公园等组成，用于居民购物和在社区空间中交流。改造后的居住综合体是当地最高的住宅建筑，因其独特的建筑形态而成为当地的标志性建筑之一①（图4-21～图4-26）。

图4-19 丹麦Løgten筒仓更新项目位置图

① Siloetten / C. F. Møller Architects + Christian Carlsen Arkitektfirma[EB/OL].（2010-06-17）[2016-10-24]. http://www.archdaily.com/64519/siloettenthe-silohouette-c-f-m%C3%B8ller-architects-in-collaboration-with-christian-carlsen-arkitektfirma/.

图4-20　丹麦Løgten筒仓更新项目改造前外观

图4-21　丹麦Løgten筒仓更新项目总平面图

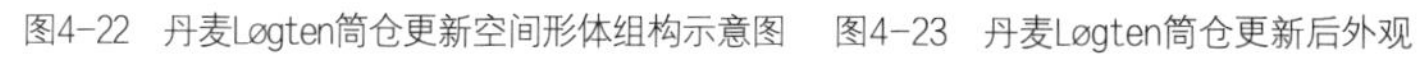

图4-22　丹麦Løgten筒仓更新空间形体组构示意图

图4-23　丹麦Løgten筒仓更新后外观

图4-24　丹麦Løgten筒仓更新整体外观

图4-25　更新施工中的丹麦Løgten筒仓

图4-26　挪威奥斯陆粮食筒仓再利用为Sinsen Panorama公寓项目位置图

案例22. 挪威奥斯陆粮食筒仓再利用为Sinsen Panorama公寓项目

由奥斯陆粮食筒仓再利用而成的Sinsen Panorama公寓位于挪威奥斯陆市东部，Sinsen教堂北部0.4km处，紧邻机场巴士和地铁两条公交线路（图4-26）。该粮食筒仓建于1931年，高约47m，由12个仓筒组成。2003年筒仓改造再利用为Sinsen Panorama公寓。筒仓内公寓面积为42m²~102m²，建筑顶部设置了近180m²的公用屋顶露台，住户可在此观赏全城的景观。与原筒仓形体并列增加了由双层玻璃作为围护结构的方柱体，与圆柱形钢筋混凝土筒仓形成对比。新建形体形成了起居室和卧室空间，厨房、浴室、门厅和走廊等空间位于筒仓圆筒形结构内，并依据其历史形式创造出具有个性的内部空间；圆筒形筒仓内壁保持了其粗糙的特征，在楼梯间和公共步行区域可以发现未经处理的原态混凝土。根据历史建筑保护要求，窗户是筒仓表面上唯一的新元素（图4-27~图4-30）。

4.3.1.2　包围型外向延拓

“包围型外向延拓”是指在维持原筒仓形体基本不变的前提下，外拓空间对原筒仓形体构成了整体围合关系。典型案例是丹麦哥本哈根港口区Portland Towers筒仓再利用为办公楼项目、丹麦哥本哈根弗洛兹洛双子星住宅大楼项目。以筒仓作为结构承重体、中庭空间和交通核，新加建的功能空间部分悬挂在筒体外部，形成对原筒仓的整体围合性外向延拓（图4-31、图4-32）。

图4-27 粮食筒仓再利用为Sinsen Panorama公寓外观

a. 粮食筒仓再利用为Sinsen Panorama公寓新旧形体并列

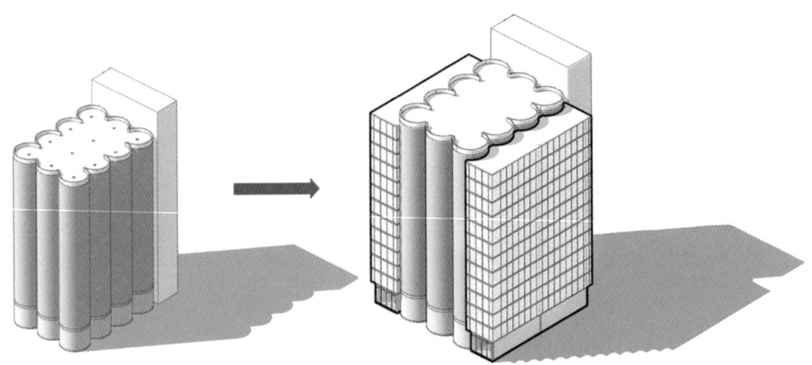

b. 奥斯陆粮食筒仓再利用为Sinsen Panorama公寓形体“并列型外向延拓”示意图

图4-28 奥斯陆粮食筒仓再利用为Sinsen Panorama公寓新旧形体对比和示意

图4-29　Sinsen Panorama公寓外观

图4-30　粮食筒仓再利用为Sinsen Panorama公寓内景

图4-31　丹麦哥本哈根港口区Portland Towers筒仓

a. 丹麦哥本哈根弗洛兹洛双子星住宅大楼

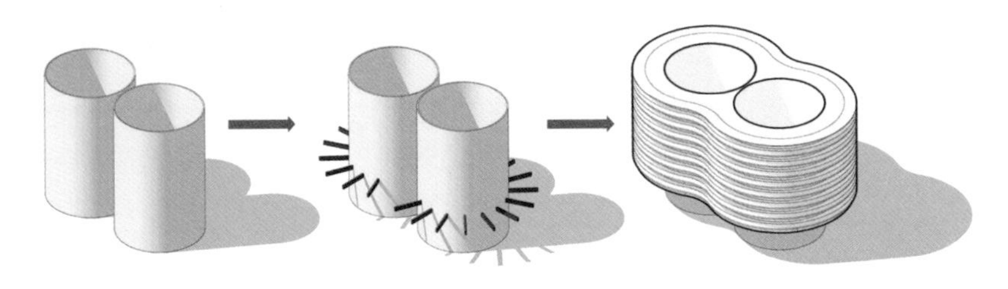

b. 弗洛兹洛双子星住宅大楼形体“包围型外向延拓”示意图

图4-32 弗洛兹洛双子星住宅大楼形体及示意

4.3.2 顶部加层

“顶部加层”是指在原建筑体量顶部加设新的建筑体量的空间更新模式，可以提高建筑使用效率，以原建筑结构能承受的附加荷载为前提。该模式应用于筒仓空间更新的案例包括：南非约翰内斯堡Mill Junction Silo粮食筒仓更新项目、波兰华沙“BS25”筒仓再利用为“潜水和室内跳伞训练中心”设计方案、中国宁波太丰面粉厂立筒仓改造项目、Silos Zeeburg污水处理仓改造设计中标实施方案等。其中，南非约翰内斯堡Mill Junction Silo粮食筒仓更新为学生宿舍和公共服务空间，改造后的粮食筒仓在进行结构加固后，在原建筑顶部加建了4层废弃的集装箱（图3-67、图3-68）。波兰华沙“BS25”筒仓再利用为“潜水和室内跳伞训练中心”设计方案在原筒仓顶部设置了两层透明玻璃盒子（改造后的第八层和第九层），在第八层设置了男女更衣和潜水淋浴，第九层为观景餐厅、咖啡厅和开放式厨房等（图4-33）。中国宁波太丰面粉厂立筒仓改造项目在筒仓顶部的1层“筒上建筑”的上部又加建了2层建筑，形成3层玻璃幕墙外表皮的建筑体量（图3-83~图3-85）。Arons en Gelauff建筑设计团队设计的Silos Zeeburg污水处理仓改造方案（中标实施方案）将两座拟改造的筒仓再生为多功能的文化宫，并用于承载对荷兰最著名的儿童文学作者安妮·M·G·施密特的记忆；两座改造筒仓中一座的屋顶用作游乐场，另一座屋顶加建了3层作为屋顶餐厅，并通过交通设施与其他两座筒仓进行空间联系（图4-34、图4-35）。

图4-33 波兰华沙“BS25”筒仓再利用为“潜水和室内跳伞训练中心”设计方案

图4-34 Silos Zeeburg污水处理仓改造中标方案透视图

图4-35 Silos Zeeburg污水处理仓改造中标方案剖面图

4.3.3 部分置换

“部分置换”模式是指保留原筒仓部分形体，其余部分拆除并新建其他形体的空间更新模式，例如拆除部分圆筒形体后新建方形建筑体量。采用“部分置换”模式的筒仓典型案例主要有：德国汉堡Das Silo种子筒仓更新为办公楼项目（图3-9、图3-14）、比利时韦讷海姆筒仓再利用为公寓项目[①]。

案例23. 比利时韦讷海姆筒仓再利用为公寓项目

韦讷海姆筒仓位于比利时韦讷海姆市机场东南方向4km处（图4-36）。该筒仓是所属旧工业厂区的历史标志性建筑，更新设计中应尽可能保留原筒仓主体。此外，更新改造后的建筑需满足居住建筑对于采光、通风、观赏景观、交通疏散等舒适性和安全性的要求。在体块组合方面，建筑改造选择保留了原有8个灰色仓筒中的6个，其余2个仓筒拆除后新建置换为方柱形体量。2个新建体块采用大面积开窗和白色墙体结合，保存下来的6个仓筒仍采用原色调和质感，为不破坏原建筑结构逻辑和形体特征，在仓筒壁上开设了很小的窗洞口。在户型空间配置上，再利用后的筒仓内每个户型都有3个圆形空间和1个方形空间。其中方形空间主要作为起居室和带有室内平台的厨房（图4-37~图4-42）。应用“部分置换”模式的韦讷海姆筒仓置换的新体量与原建筑，通过体量、色彩、材料、构图等对比的方法映射了新与旧的共生关系。

---

① Silo’s [EB/OL]. [2016-04-22]. http://www.kanaal.be/en/living/silos.

图4-36　比利时韦讷海姆筒仓更新项目位置图

图4-37　韦讷海姆筒仓改造为公寓外观与旧厂区整体环境

a. 韦讷海姆筒仓改造为公寓的新旧、方圆形体并列外观

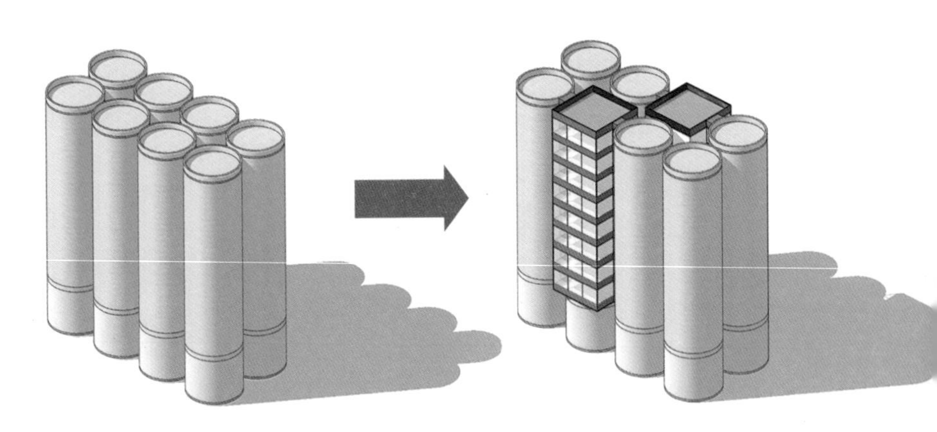

b. 韦讷海姆筒仓形体“部分置换”示意图

图4-38 韦讷海姆筒仓改造为公寓形体示意

图4-39　韦讷海姆筒仓改造为公寓地新旧、方圆形体并列外观整体环境

图4-40　韦讷海姆筒仓改造为公寓外观局部

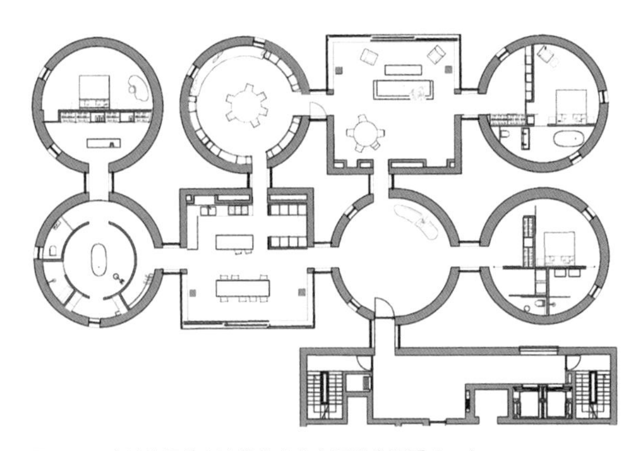

图4-41　韦讷海姆筒仓改造为公寓方圆组合平面（一）

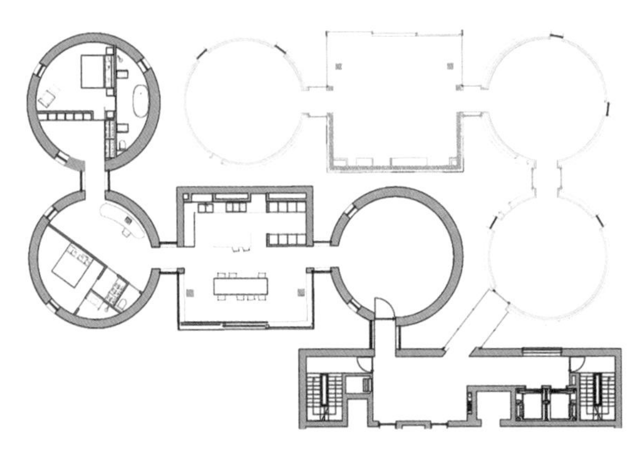

图4-42　韦讷海姆筒仓改造为公寓方圆组合平面（二）

图4-43 巴尔的摩“筒仓码头”粮仓位置图

4.3.4 整体置换与要素保留

“整体置换与要素保留”模式是指整体上拆除原历史建筑，保存部分符号化的建筑显性要素作为对原历史建筑所携带的历史文化基因的敬意和传承。典型案例是巴尔的摩“筒仓码头”粮仓再生为居住综合体项目。

案例24. 巴尔的摩“筒仓码头”粮仓再生为居住综合体项目

“筒仓码头”粮仓位于美国马里兰州巴尔的摩市南部洛卡斯特码头区（Locust Point）的比森街（Beason Street）1700号（北纬39° 16'11.72"，西经76° 35'19.45"），场地西邻劳伦斯街（Lawrence Street），北侧、南侧和东侧以帕泰珀斯科河（Patapsco River）为边界，具有优越的城市区位优势和良好的滨水景观（图4-43）。该建筑于1923年建成并投入使用，为阿奇尔·丹尼尔斯·米德兰德（Archer Daniels Midland）公司用于储存粮食和部分农产品的粮仓，成为当时巴尔的摩滨水工业区最高的建筑。在20世纪20年代，“筒仓码头”粮仓是世界上规模最大、运行效率最高的粮仓。“筒仓码头”粮仓建筑高325ft（约99m）；由187个钢筋混凝土筒仓群和用于粮食运输的升降机塔（工作塔）构成。整个建筑形体体量巨大，在场地周边环境中非常突出，与水平向延

图4-44　再生前的“筒仓码头”粮仓

图4-45　整体置换更新后的“筒仓码头”粮仓外观

展的水面形成鲜明对比，具有很强的视觉空间控制作用和显著的地标意义（图4-44）。随着城市产业和空间结构的调整，该粮仓逐渐被废弃。2003年，特纳开发集团（Turner Development Group）收购了该项目，由巴尔的摩“参数”设计事务所（Parameter Inc.）的创办人、建筑师克里斯托弗·菲弗奥（Christopher Pfaeffle）完成适应性改造再利用设计，将“筒仓码头”粮仓建筑再生为居住与商业服务综合体。项目的开发建设分阶段进行，2005年5月开始第一期工程的建设。再生后的建筑，历史沧桑感与现代时尚感相融合，具有独特的性格特质和活力，营造出了富有趣味和吸引力的生活环境，被作为巴尔的摩城市复兴的典范和滨水区的新标志（图4-45）[①②③]。

原“筒仓码头”粮仓建筑形体由升降机塔（工作塔）和筒仓群组构形成，筒仓是旧建筑中具有代表性的形式要素，但由于其尺度、结构体系等与拟开发建设的功能空间具有明显冲突，设计者采取了“整体置换与要素保留”模式，选择保

---

① SHEEHAN K. $400-million adaptive reuse project converts grain silo into condos [J]. Multi - Housing News, 2007, 42(7): 8.

② STEELE J. Industrial chic [J]. Multi - Housing News, 2009, 44(5): 16-18.

③ CHRISTOPHER P. An industrial - strength renovation [EB/OL]. [2016-09-02]. http://www.silopoint.com/press/ silopoint_blueprints.pdf.

图4-46　作为要素保留并融入建筑形体中的筒仓原构

图4-47　作为要素保留的建筑底层公共空间中的原构结构柱

留了187个筒仓中的16个，并将筒仓原构作为“文化要素”直接融入建筑形体中，其余的予以拆除。再生为居住综合体后的建筑形体关系与原建筑形体相呼应，升降机塔（工作塔）部分更新为24层的条板型建筑体量，筒仓群大部分拆除后新建为围绕高层板楼的10层“裙房”式建筑。新建筑的功能和立面形式与原建筑差异较大，但形体组合关系和尺度上的相似很容易让熟悉地段环境的城市公众产生关联记忆（图4-46）。

升降机塔（工作塔）是原粮仓建筑及其环境中最具视觉标志性和空间控制作用的建筑要素，建筑师将其结构体系、建筑体量、局部室内空间形态以及建筑构件等作为“要素”进行了保护和再利用，并将原建筑的结构柱网（4.9m×4.9m）与新建建筑功能的空间格局进行了较好的匹配。原建筑底层空间得到较充分利用，原结构体系中的柱、柱帽、楼板等结构构件以及一些结构节点等部分外露，混凝土粗犷、朴拙、斑驳、沧桑的材料质感映射出“时间长度”，与现代材料元素所表征的“技术宽度”形成对比，并达到均衡，由此构建共生的视觉新秩序（图4-47）。

4.4　空间组合更新

空间组合更新是指综合应用了上述2种或2种以上的空间更新模式。组合更新模式适用于旧建筑更新为大型、综合性功能设施的情况。典型案例包括：波兰华

图4-48　华沙“BS25”筒仓位置图

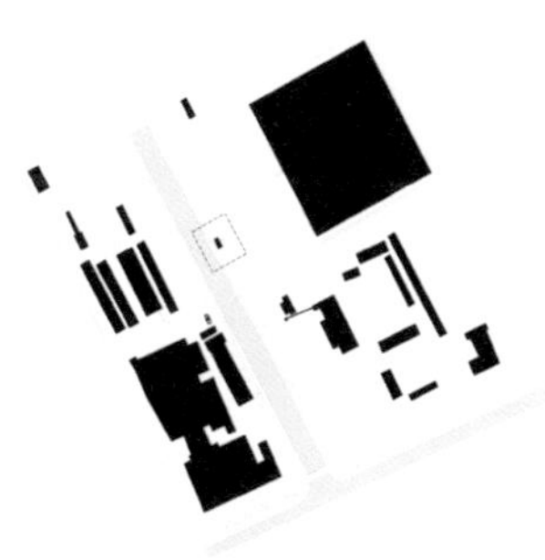

图4-49　华沙“BS25”筒仓位置与场地环境机理示意图

沙“BS25”筒仓更新为“潜水和室内跳伞训练中心”设计方案、维也纳煤气储罐（Vienna Gasometer）建筑群更新项目、南非约翰内斯堡Mill Junction Silo粮食筒仓更新为学生宿舍、太丰面粉厂立筒仓更新项目等。本研究以波兰华沙筒仓更新设计方案为例，解析其空间组合更新模式。

案例25. 波兰华沙“BS25”筒仓更新为“潜水和室内跳伞训练中心”设计方案①

“BS25”筒仓位于距华沙市中心约12km的一家废弃的工厂内（图4-48、图4-49），该筒仓曾用于储存散装水泥，由2个截面直径约为7m的圆柱形仓筒组成；Żerański运河流经该地区，“BS25”筒仓毗邻运河，形成了独特的城市景观。而且，Żerański运河作为城市和Zegrze水库之间的水上交通路线，为开展水上运动和保持城市活力提供了契机。

基于对该地区综合要素及其发展潜力的认知，建筑师莫科（Moko）提出将该废弃筒仓改造再利用为全年开放的休闲场所，用作“潜水和室内跳伞训练中心”（Diving and Indoor Skydiving Centre），将这里打造成为吸引极限运动爱好者、艺术家、喜欢探索废弃建筑的人们乐于前往的场所，并据此完成了建筑设计方案（图4-50）。

① Alison F. BS25' Silos - Diving and Indoor Skydiving Center Proposal / Moko Architects[EB/OL].（2013-05-15）[2016-10-24]. http://www.archdaily.com/372665/bs25-silos-diving-and-indoor-skydiving-center-proposal-moko-architects.

图4-50　波兰华沙筒仓再利用为“潜水和室内跳伞训练中心”改造设计方案透视效果图（一）

在功能空间配置上，“BS25”筒仓的两个仓筒主体分别作为潜水中心和室内跳伞中心；扩建的空间围绕两个仓筒展开，主要包括培训、招待所（宿舍）、管理办公、出租办公、淋浴与更衣、运动商店、展览、阅览、餐厅、咖啡厅、创作室等为潜水和室内跳伞训练服务的辅助功能（图4-51、图4-52）。

“BS25”筒仓的空间更新应用了“空间组合更新”的模式：筒仓建筑的两个仓筒内部基本采用“内部空间原构”模式，用作体育训练空间（图4-53）；筒仓建筑顶部采用了“空间外向延拓或形体置换”中“顶部加层”模式；筒仓建筑周边采用了“空间外向延拓或形体置换”空间更新模式的“形体周边外向延拓”中“并列型外向延拓”方法，叠加的方块形体附着在筒仓圆柱形体的周边且与其并置，新旧形式元素通过对比而共生。新与旧空间形体组构方式见图4-54。

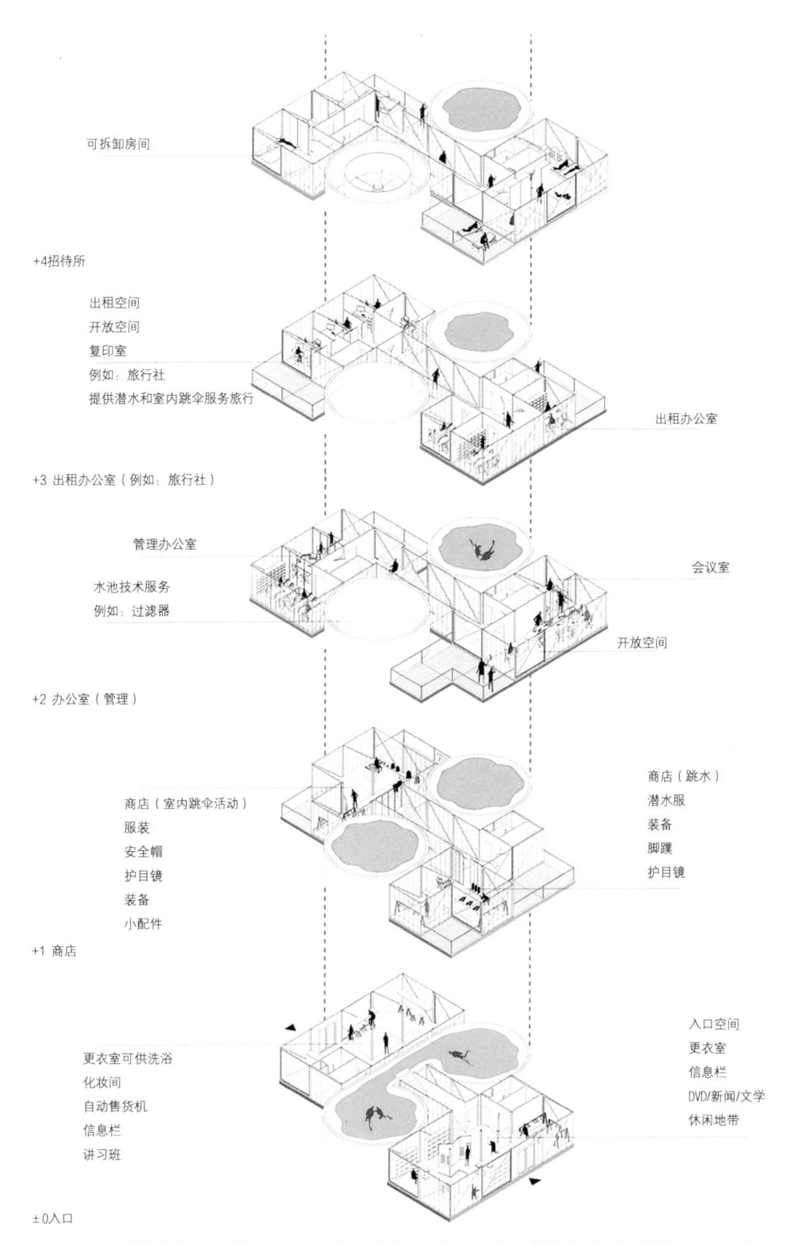

图4-51　波兰华沙筒仓再利用为“潜水和室内跳伞训练中心”改造设计方案功能空间配置图（入口层~四层）

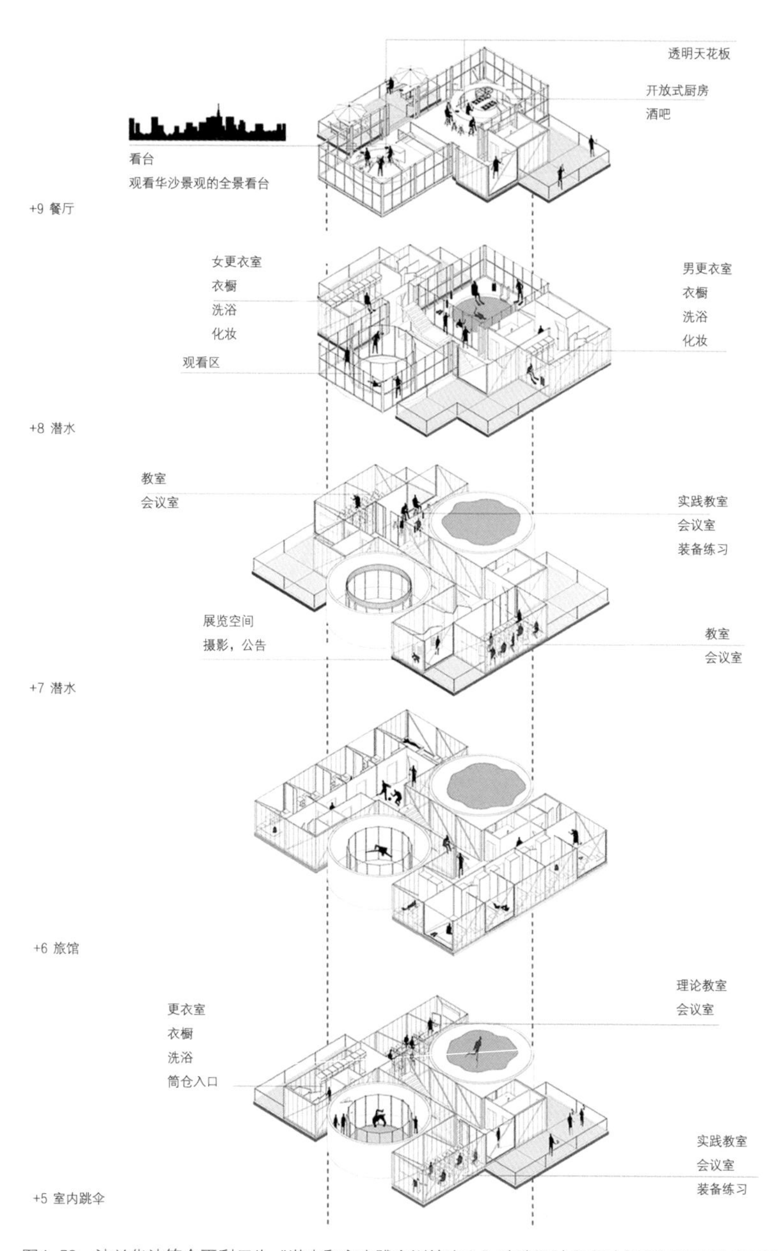

图4-52　波兰华沙筒仓再利用为“潜水和室内跳伞训练中心”改造设计方案功能空间配置图（五层~九层）

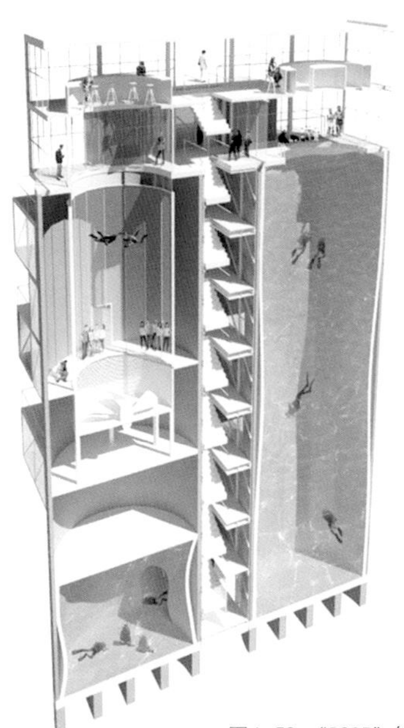

图4-53　“BS25”筒仓改造设计方案剖透视图

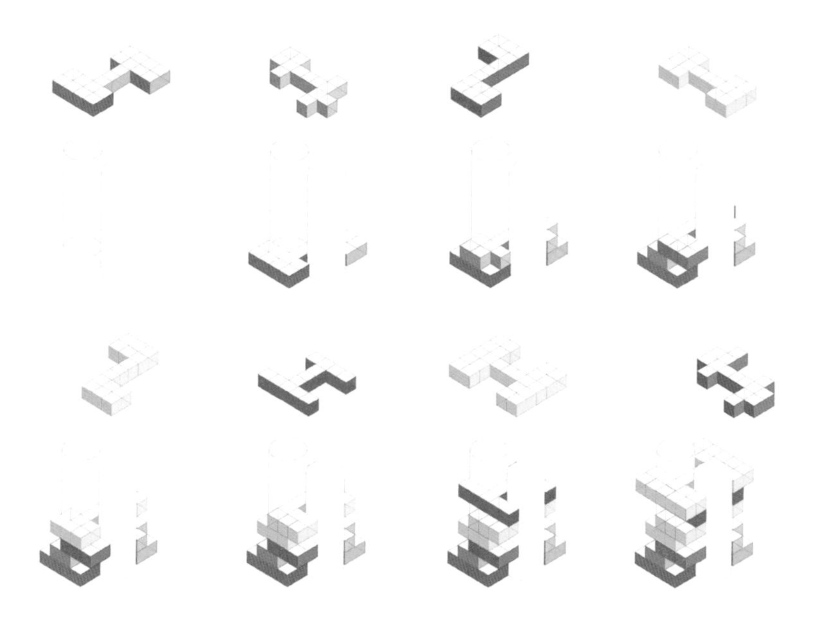

图4-54　“BS25”筒仓改造设计方案空间形体组构示意图

5

第5章

筒仓活化与再生——表皮再生

5.1 “原态化”表皮再生

“原态化”表皮再生是指在建筑再生中其表皮维持建筑原形态不变，以保护建筑的历史价值以及随时间变化所留存的历史痕迹。该表皮再生方法一般仅对建筑外表面做清洁、维护，并根据现场调查和实际检测结果对不影响历史信息的破损处做适当的修补、加固。“原态化”表皮再生是内隐的、不着痕迹的，其实质是对历史信息的保护和延续。一般地，在旧建筑保护与再利用中采用“原态化”表皮再生对策一般是基于以下几方面考虑：其一，基于对有价值的原建筑历史信息进行保护的理念，在建筑再生设计与实施中采用“原态化”表皮；其二，建筑师以保留原建筑表皮的形式、材料、质感、色彩等作为其设计的主要出发点；其三，节约旧建筑改造与再利用的经济成本。

为与更新后的功能空间使用要求相匹配，在筒仓建筑更新中采用“原态化”表皮再生模式有时需要对筒仓建筑本体进行轻微扰动。例如，在墙体上开设不影响筒仓外壁整体性和连续性的小尺度窗洞口，用于建筑室内空间的通风、采光等。图5-1所示是利用广州啤酒厂麦筒仓仓顶建筑改造形成的“广州源计划建

图5-1　广州源计划建筑工作室总部办公楼局部外观

图5-2　里卡多·波菲建筑设计事务所总部外观

筑设计工作室总部”办公楼，在原仓顶建筑的南北墙面对应各开了5个门洞，利用筒仓顶部形成了12 个半圆的室外阳台；门洞上的粗犷的开启扇经过特别设计可以180°全开启；建筑其他各部分都基本上保留了原建筑的材料、颜色和痕迹。“原态化”表皮再生的另一个典型案例是由西班牙巴塞罗那水泥厂改造再利用的“里卡多·波菲建筑设计事务所总部”，除了在筒仓外墙上开设部分窗洞口外，其余大部分保持原态（图5-2）。再如，丹麦哥本哈根港口区Portland Towers筒仓再利用为办公楼项目、丹麦哥本哈根弗洛兹洛双子星住宅大楼项目等，都是在原筒仓外延拓新的功能空间，并形成对原筒仓形体的围合关系，但原筒仓的混凝土外表皮除被围合部分外都保持原态（图3-17、图3-51）。

5.2　“涂鸦化”表皮再生

5.2.1　涂鸦与“涂鸦化”表皮

涂鸦（Graffiti）一词来源于希腊文，意思为“书写”。后引申为在建筑墙面或火车等物体上绘画幽默、粗野的文字和图案。

当代涂鸦艺术起源于20世纪60年代后期的美国，最初的涂鸦艺术以签名（tag）为主，作用是帮派之间标记自己的领地。到20世纪70年代初，更多人参与到涂鸦艺术创作中，他们研究涂鸦文字的字形和效果，Phase2就是这个时期著名的涂鸦艺术家，其“气泡字母”影响至今。随着涂鸦艺术风格的增多，涂鸦创作的载体也延伸至火车、地铁车厢等移动的载体中。20世纪70年代中期，种族歧视状况得到改善，涂鸦作品中叛逆、激进的内容减少，优秀的涂鸦作品逐渐得到传统艺术界的认同。20世纪70年代后期，涂鸦开始与商业相结合，其影响力迅速波及全世界。20世纪80年代，涂鸦艺术日趋成熟，出现了风格独树一帜的涂鸦艺术家，例如让·米切尔·巴斯奎特（Jean-Michel Basquiat）、肯思·哈林（Keith Haring）等①。20世纪90年代后，涂鸦出现了新的发展趋势，某些国家和政府开始接纳涂鸦艺术，认为合适的涂鸦可以增强城市公共空间的艺术气息②。时至今日，涂鸦艺术已经发展成全球性的艺术与时尚潮流。在中国，涂鸦最早出现在20世纪90年代中期的广州，广州越秀南路的高架桥下面的围墙是著名的涂鸦之地。21世纪后，涂鸦艺术在中国进一步发展，比较著名的涂鸦创作地有深圳洪湖公园内布吉河沿岸的路基涂鸦墙、重庆黄桷坪涂鸦街、2008年奥运会期间的“北京之墙”等。著名的涂鸦创作人有来自香港的MC仁，其有“亚洲涂鸦第一人”的称号；还有来自北京的张大力，大头人涂鸦样式是其代表作。

涂鸦的主要载体为建构筑物的墙面、广告牌、地铁等，其表现形式多为字体、抽象的图形、符号、夸张的卡通人物等。在色彩运用中，大部分的涂鸦作品都使用高纯度的颜色③。

涂鸦多存在于城市中的商业区、工业区。在城市商业区中，越来越多的商家在广告中运用涂鸦艺术，使其形成特殊的视觉艺术效果。在城市工业区中，涂鸦艺术作为一种建筑表皮再生手段而迅速发展，萧瑟冷清的废弃厂房烘托了涂鸦艺术不加修饰和冷酷的性格，其鲜艳纯粹的色彩也在暗沉的墙壁上得到更好的体现④。其中，最著名的是美国纽约皇后区的5pointz涂鸦区（图5-3）。

---

① 柯亚莉. 城市涂鸦艺术初探[D]. 重庆大学，2008.

② 庄剑. “涂鸦”在城市公共空间景观设计中的运用[D]. 南京林业大学，2012.

③ 李焕翱，罗凯婷. 浅析涂鸦艺术的色彩特点与色彩心理[J]. 艺术与设计(理论)，2011(12): 150-152.

④ 郑佳. 涂鸦艺术在LOFT中的研究[D]. 西安建筑科技大学，2013.

图5-3　美国纽约皇后区的5pointz涂鸦区

5.2.2　筒仓“涂鸦化”表皮再生

“涂鸦化”表皮适用于旧建筑更新的中间过程，探索通过艺术方式唤醒、导引或强化对承载物本体及其环境的关注，催生对城市模糊地段、城市文化遗产的多义性、记忆属性、复合价值的认知与思考。

大部分筒仓建筑的外表皮都具有粗糙混凝土表面、大尺度、连续曲面等特征，较适合进行大型涂鸦喷绘创作；但由于“涂鸦化”表皮所具有的中间性、过渡性特征，筒仓表皮再生中采用“涂鸦化”表皮留存时间较短，现存案例较少。典型案例之一是巴西Os Gemeos兄弟（奥克塔维奥和古斯塔沃）在加拿大温哥华格兰维尔岛的23m高筒仓的6个仓筒上创作的“卡通巨人”涂鸦作品，创作历时一个月，涂鸦壁画总面积约7200m^2（图5-4~图5-6）。典型案例之二是由亚特兰大的城市壁画艺术家Alex Brewer创办的Hense涂鸦团队受澳大利亚CBH公司委托在西澳大利亚的一座粮仓上采用明度和彩度很高的颜色进行涂鸦创作的作品（图5-7、图5-8）。

图5-4　加拿大温哥华格兰维尔岛筒仓涂鸦整体外观

图5-5　加拿大温哥华格兰维尔岛筒仓涂鸦局部外观

图5-6　加拿大温哥华格兰维尔岛筒仓涂鸦近景

图5-7　Hense团队在西澳大利亚的一座粮仓上的涂鸦作品

图5-8　Hense团队在西澳大利亚的一座粮仓上的涂鸦作品夜景

5.3 “自然生态化”表皮再生

5.3.1 “自然生态化”表皮

从表皮建构角度，“自然生态化”表皮是指将绿化植被等自然生态要素引入建筑表皮系统，相关概念有植物绿化外墙、垂直绿化外墙等。“自然生态化”表皮具有一定的绿色、生态、艺术功效，诸如建筑外表皮保温隔热、净化空气、吸声减噪、美化视觉环境等①②。

“自然生态化”表皮主要包括三种类型③：

其一，在外墙墙角土壤中种植爬山虎、扶芳藤等具有攀援特性的藤本植物，不需要支撑构架和牵引材料，主要依靠植物的吸盘、根或其他支撑物攀附于墙体，并沿建筑墙面生长攀爬，绿化高度可达10~20m。

其二，紧贴建筑外表皮设置植被攀援支撑构架，利用构架安装植物生存载体（例如合成纤维毛毯等）以及为植物生长提供肥料和水分的灌溉系统。

其三，设置伸出墙面（与建筑外表皮之间留有一定间距）的支撑构架或利用建筑出挑构件安装攀援支撑构架、生长载体和灌溉系统。

5.3.2 筒仓“自然生态化”表皮再生

旧筒仓建筑粗拙、厚重、斑驳的混凝土外墙面与墙面上富有生机的绿化植物形成自然与人工、柔软与刚硬、轻盈与沉重的形态对比，并在对比中共生共融。例如，里卡多·波菲建筑设计事务所总部的部分圆筒仓即采用了“自然生态化”表皮再生方法，富有历史沧桑感的筒仓外壁与攀附于其间的植被相得益彰（图5-9、图5-10）。

5.4 “异质化”表皮再生

“异质化”表皮再生指的是采用与原建筑表皮的形式、材料、质感、色彩等方面具有突出差异的新表皮，对原建筑表皮进行包覆或置换的表皮再生方法。在筒仓建筑更新中，可采用光亮、透明、精致的玻璃或金属等材料，也可采用软

① 刘抚英. 绿色建筑设计策略[M]. 北京：中国建筑工业出版社，2013.
② 刘抚英. 建筑遮阳体系与外遮阳建筑一体化形式谱系[J]. 新建筑，2013（4）：44-46.
③ 刘抚英. 绿色建筑设计策略[M]. 北京：中国建筑工业出版社，2013.

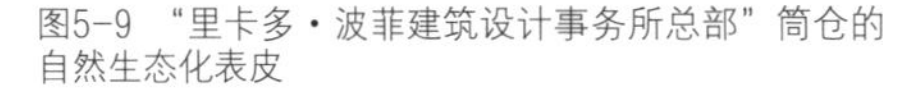

图5-9 “里卡多·波菲建筑设计事务所总部”筒仓的自然生态化表皮

图5-10 “里卡多·波菲建筑设计事务所总部”筒仓的自然生态化表皮

质、弹性、柔和的布膜材料等，与筒仓建筑封闭、厚重、粗犷的混凝土材料并置、共生，形成“异质化表皮”。本研究根据其构型关系，将“异质化”表皮划分为“异质化包覆表皮”和“异质化置换表皮”。

5.4.1 “异质化”包覆表皮

在筒仓建筑更新中，“异质化”包覆表皮与筒仓“空间更新”中的“空间外向延拓”模式相对应，在设计中可以采用“异质化”表皮材料对原建筑的整体或局部进行包覆处理。例如，丹麦哥本哈根港口区Portland Towers筒仓再利用为办公楼项目、丹麦哥本哈根弗洛兹洛双子星住宅大楼项目，在其空间更新采用“包围型外向延拓”模式后，扩建部分的外表皮采用了经过精致处理的玻璃幕墙，与未经处理的原筒仓粗糙的混凝土外表皮对比效果显著，形成对原建筑形体局部“异质化”包覆的表皮（图4-31、图4-32）。在德国汉堡Das Silo筒仓更新为办公楼项目中，改造后的建筑在形式上由原筒仓型体要素的6个圆柱型体量与新建的方正、规整的体量组构形成；圆柱型体量采用以实体为主（开设小窗洞）的混凝土表皮，规整的体量采用大面积玻璃幕墙表皮，形成局部“异质化”包覆的表皮组织关系（图5-11）。波兰华沙“BS25”筒仓更新为“潜水和室内跳伞训练中心”设计方案采用了与Das Silo筒仓更新相类似的表皮再生方法。

图5-11　德国汉堡Das Silo筒仓更新项目采用的“异质化”包覆表皮

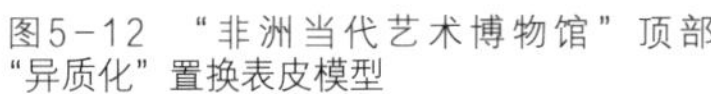

图5-12 “非洲当代艺术博物馆”顶部“异质化”置换表皮模型

图5-13 “非洲当代艺术博物馆”的“异质化”置换表皮安装

5.4.2 “异质化”置换表皮

“异质化”置换表皮是指将原构图元素的部分材料置换为新材料的表皮再生模式。例如，在南非开普敦谷仓改造为“非洲当代艺术博物馆”（Zeitz MOCAA）项目中，保留了原谷仓顶部的框架构图，将原框架间的实体墙置换为枕头形状的透明玻璃体，这100多块特制的玻璃价格很昂贵，每块玻璃价格都超过一辆宝马X5汽车。玻璃体向外突出，在视觉上有轻微的膨胀感（图3-22、图5-12、图5-13）。夜晚，在灯光映照下，建筑顶部的玻璃体犹如港口中的灯塔，是该地区夜景中的标志物。[1,2]

---

① Sarah Khan, Thomas Heatherwick Designs South Africa's Newest Art Museum[EB/OL].（2015-05-31）[2017-02-12]. http://www.architecturaldigest.com/story/thomas-heatherwick-zeitz-mocaa.

② Heatherwick studio. Zeitz MOCAA[EB/OL]. http://www. heatherwick.com/zeitz-mocaa/.

图5-14　Hobart Silo外挂“网格化”遮阳组件局部

图5-15　Hobart Silo外挂“网格化”遮阳组件的北立面

5.5 “网格化”表皮再生

5.5.1 “网格化”表皮

“网格化”表皮原指由建筑外围护结构的构成要素所形成的网格状虚实构图关系。在建筑表皮建构（立面设计）中，应用重复、叠加、异化并置、穿插、咬合、渐变、多层复合甚而分形、非线性等设计手法，辅以表皮材料、色彩、光影的变化，可以形成丰富的视觉艺术效果；据此与传统的“网格化”立面构图方式相结合，会赋予表皮更具视觉张力和意趣的形态和涵构，生成具创新意义的“网格化”表皮。在此背景下，将“网格化”表皮应用于筒仓建筑表皮再生中，主要有以下几种方法。

5.5.2 筒仓“网格化”表皮再生

5.5.2.1 网格化构件

“网格化构件”表皮再生是指在筒仓表面外挂阳台、栏板、遮阳设施、凸窗以及其他装饰构件等形成“网格化”表皮的方法。典型案例之一是前文介绍的澳大利亚霍巴特筒仓（Hobart Silo）更新为公寓项目，该筒仓更新后的北立面在筒仓外壁悬挑挂设了水平遮阳板和竖向的支撑构件，组构形成“网格化”表皮（图5-14、图5-15）。典型案例之二是“丹麦哥本哈根Nordhavnen地区The Soli筒仓”改造项目，见案例26。

案例26. 丹麦哥本哈根Nordhavnen地区The Soli筒仓改造项目①②

The Soli筒仓改造项目位于丹麦哥本哈根内北港（Indre Nordhavn）地区，场地南部即为“波特兰塔”（Portland Towers）筒仓（图5-16）。该筒仓原用于储存稻谷，高约62m，曾是该区域最大的工业仓储建筑。近年来，该地区逐步更新转化为城市新区，由COBE设计事务所完成地区发展的总体规划。依据规划，在未来的40~50年内，该地区将发展成建筑面积约400万m^2的后工业港区。在城区更新过程中，原区域内的部分旧工业建筑得到了保护和再利用。受业主克劳斯·卡斯特伯格（Klaus Kastbjerg）和丹麦NRE公司的邀请，COBE设计事务所将The Soli筒仓改造为17层住宅和公共设施，包括38套面积从106~401m^2不等的住宅；建筑顶层作为餐厅，一层作为公共活动空间；建筑层高7~8m，住宅自下而上错置分布，

图5-16　丹麦哥本哈根Nordhavnen地区The Soli筒仓位置图

① Alyn Griffiths, COBE transforms Copenhagen grain silo into apartment block with faceted facades[EB/OL].（2017-06-28）[2017-06-28]. https://www.dezeen.com/2017/06/28/cobe-transforms-copenhagen-grain-silo-apartment-block-faceted-facades/

② THE SILO BY COBE [EB/OL]. [2016-10-08]. http://worldarchitecture.org/authors-links/cppvf/the-silo-by-cobe.html.

图5-17　哥本哈根Nordhavnen地区The Soli筒仓改造方案效果图

图5-18　穿孔钢板阳台构件形成的“网格化”表皮局部

分为单层和复式两种空间模式。改造后的项目总建筑面积为8500m^2，于2016年底竣工，作为哥本哈根新社区的标志性建筑物。

建筑表面设置了可以眺望哥本哈根天际线和厄勒海峡的大面积全景窗和阳台。建筑的表皮建构方法为：首先，将钢筋混凝土筒仓外壁进行切割，开设窗洞，用以安装窗户和阳台。其次，在建筑表面覆盖镀锌穿孔钢板作为建筑新表皮，覆层材料的选择参考了该地区工业材料的质地；因处于海洋湿润气候的环境中，随着时间的推移，材料表面也会出现绿锈。穿孔钢板覆盖的阳台凸起的表面错迭分布，可以兼作遮阳设施，并形成复杂而有韵律的“网格化”形体和光影效果（图5-17~图5-22）。

5.5.2.2　网格化立面分划

“网格化立面分划”是指在筒仓原体量或新增建体量的新购表皮上采用“网格化”立面分划构图的表皮处理方式。例如，丹麦Løgten筒仓改造为居住综合体项目（stringio），其增建部分的新建外表皮即是将墙面、窗及其构件、露台、栏板、结构柱等形式要素，通过立面分划形成效果丰富的“网格化”构图（图5-23）；悉尼Summer Hill Flour Mill的面粉筒仓更新为居住设施项目，在其原筒仓部分开洞后外挂建筑表皮，由外挂墙板、窗及窗间的纵向和横向分割条形成了“网格化”的立面构图（图5-24）；挪威奥斯陆粮食筒仓再利用为Sinsen Panorama公寓项目的扩建部分表皮也采用了“网格化”立面分划构图（图5-25）。

图5-19　The Soli筒仓改造后形态（一）

图5-20　The Soli筒仓改造后形态（二）

图5-21　The Soli筒仓改造后局部（一）

图5-22　The Soli筒仓改造后局部（二）

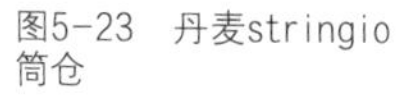

图5-23　丹麦stringio筒仓

图5-24　Summer Hill Flour Mill面粉筒仓

图5-25　奥斯陆筒仓再生为Sinsen Panorama公寓

图5-26　伊斯灵顿筒仓再生的“网格化”机理表皮材料

图5-27　Summer Hill Flour Mill筒仓更新局部蒙覆金属网

5.5.2.3　网格化表皮材料机理

该表皮再生方法是指用于筒仓再生的表面覆层材料自身具有“网格化”机理，使再生后的筒仓表皮在视觉上表现为“网格化”形式特质。例如，在澳大利亚墨尔本伊斯灵顿筒仓（Islington Silo）更新为公寓项目中，采用金属网组构的材料覆盖在建筑外表面，形成“网格化”构成机理（图5-26）；悉尼Summer Hill Flour Mill的面粉筒仓更新为居住设施项目设计中，局部蒙覆了具有“网格化”机理的斜交金属网（图5-27）。

图5-28　北京首钢西十筒仓立面

5.6 “点阵化”表皮再生

“点阵化”表皮实质上是“像素化”表皮的一种形式。“像素”(pixel)由图像(picture)和元素(element)两个单词的字母组成，原意是计算数码影像的单位[①]；“像素化”表皮则是在当代信息化、数字化、虚拟化、复杂化视觉艺术背景下新的建筑视觉表现形式。“点阵化”表皮指的是在建筑外表皮按设计确定的构成形式开设孔洞，并形成有一定规律性或无规律的阵列的建筑表观形态，其形式由开设孔洞的数量、大小、形状、深浅、疏密、排列组合方式等关联因子合构形成。

筒仓“点阵化”表皮再生是指在原筒仓封闭、密实的外墙面上，或在新覆设的表皮上进行“点阵化”构图的再生模式。例如，北京首钢西十筒仓更新为综合设施项目的表皮再生中，在6座筒仓表面分别采用了圆形、方形、矩形等大小尺度不等的洞口，形成了3组形态略有差异但整体协调统一的立面风格(图5-28)；芬兰赫尔辛基468号筒仓在仓体金属墙面上开设了2012个孔洞，寓意2012年赫尔辛基世界设计之都(图5-29、图5-30)；比利时鲁汶XDGA Silo筒仓更新为综合体项目的设计方案中，筒仓外壁间隔开设了孔径大小不同的“点阵化”表皮(图5-31~图5-33)；在NL Architects建筑事务所设计的荷兰Silos Zeeburg污水处理

---

① 凤凰空间·北京．建筑立面材料语言——像素墙[M]．南京：江苏人民出版社，2012.

图5-29　芬兰赫尔辛基468号筒仓点阵表皮

图5-30　芬兰赫尔辛基468号筒仓点阵表皮局部

图5-31　比利时鲁汶XDGA Silo筒仓改造方案效果图

厂筒仓改造设计竞赛方案中，筒仓外表皮上部采用了开设圆形孔洞的“点阵化”表皮（图5-34、图5-35）。

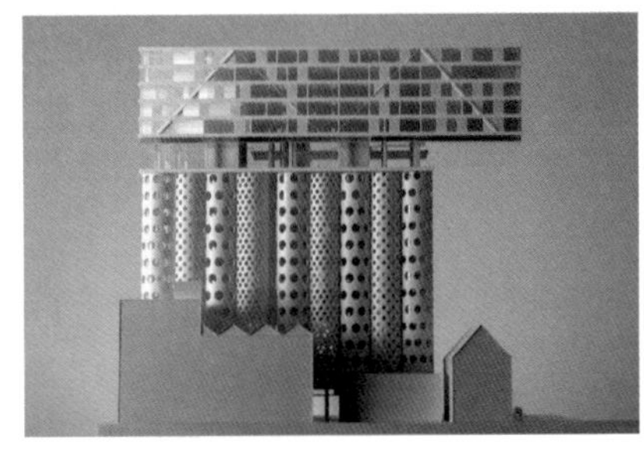

图5-32　比利时鲁汶XDGA Silo筒仓改造方案模型局部（一）

图5-33　比利时鲁汶XDGA Silo筒仓改造方案模型局部（二）

图5-34　Silos Zeeburg污水处理改造设计方案效果图（一）

图5-35　Silos Zeeburg污水处理改造设计方案效果图（二）

图片来源

图1-1：作者自绘

图1-2：作者自绘

图1-3：作者自绘

图1-4：作者自绘

图2-1：作者自绘

图2-2：作者自绘，底图来源于Google Earth

图2-3：腾讯地图街景截图

图2-4：作者自绘，底图来源于百度地图

图2-5：浙江省文物局网站

图2-6：百度地图

图2-7：浙江省文物局网站

图2-8：作者自摄

图2-9：作者自摄

图2-10：作者自绘，底图来源于Google Earth

图2-11：浙江省文物局网站

图2-12：作者自绘，底图来源于Google Earth

图2-13：作者自摄

图2-14、图2-15：作者自摄

图2-16：作者自绘，底图来源于Google Earth

图2-17：浙江省文物局网站

图2-18：浙江省文物局网站

图2-19：作者自绘，底图来源于Google Earth

图2-20：作者自摄

图2-21：作者自摄

图2-22：作者自摄

图2-23：作者自绘，底图来源于Google Earth

图2-24：作者自摄

图2-25、图2-26：作者自摄

图2-27：作者自绘，底图来源于Google Earth

图2-28~图2-30：作者自摄

图3-1：里卡多·波菲，张帆. 水泥工厂的改造[J]. 建筑创作，2008(11)：36-51

图3-2：里卡多·波菲，张帆. 水泥工厂的改造[J]. 建筑创作，2008(11)：36-51

图3-3：https://spfaust.files.wordpress.com/2012/01/bofill-cement-1-3.jpg

图3-4：http://images.adsttc.com/media/images/50a4/8227/b3fc/4b26/3f00/0022/large_jpg/Ricardo_Bofill_Taller_Arquitectura_SantJustDesvern_Barcelona_Spain_WorkSpace_(2).jpg?1413948599

图3-5：http://loftcn0413.qiniudn.com/20140504_1014221_015.jpg

图3-6：http://loftcn0413.qiniudn.com/20140504_1014221_002.jpg

图3-7：http://loftcn0413.qiniudn.com/20140504_1014221_011.jpg

图3-8：http://loftcn0413.qiniudn.com/20140504_1014221_014.jpg

图3-9：作者自绘，底图来源于Google Earth

图3-10：http://blog2014.kbb-domainserver.de/wp-content/uploads/2013/02/speicher1937lor_Hochtief.jpg

图3-11a：http://das-silo.de/wp-content/uploads/2015/05/1.gif

图3-11b：http://das-silo.de/wp-content/uploads/2015/05/3.gif

图3-11c：http://das-silo.de/wp-content/uploads/2015/05/7_2.gif

图3-12：http://das-silo.de/wp-content/uploads/2015/05/3-470x627_c.jpg

图3-13：http://channelhamburg.de/v.1/wp-content/uploads/2015/02/Silo1.jpg

图3-14：http://channelhamburg.de/v.1/wp-content/uploads/2014/10/IMG_0222-e1424627955988-1024x681.jpg

图3-15：作者自绘，底图来源于Google Earth

图3-16：http://www.arkitekturbilleder.dk/assets/images/cache/resizer.php?imgfile=http://www.arkitekturbilleder.dk/images/921i2-1409486410.jpg&max_width=700

图3-17：http://www.arkitekturbilleder.dk/assets/images/cache/resizer.php?imgfile=http://www.arkitekturbilleder.dk/images/921i1-1409486375.jpg&max_width=700

图3-18：http://www.arkitekturbilleder.dk/assets/images/r-arrow.png

图3-19：http://www.ncc.dk/globalassets/media-property-development/koebenhavn/copenhagenportcompanyhouse/cphport_tegn02.jpg?preset=slider-standard

图3-20：作者自绘，底图来源于Google Earth

图3-21：http://blog.xoevents.travel/wp-content/uploads/2014/07/Grain-Silo-2.jpg

图3-22：http://photo.zhulong.com/ylmobile/detail122670.html

图3-23：http://www.boydandogier.com/wp-content/uploads/2015/07/IMG_4217-e1436211475951.jpg

图3-24：http://www.boydandogier.com/wp-content/uploads/2015/07/WF-40-e1436212496488.jpg

图3-25：作者自绘，底图来源于Google Earth

图3-26：http://static.pechakucha.org/pechakucha/uploads/blog_attachment/image/5147f983dbdd2008e0000001/large_wide_Screen_Shot_2013-03-19_at_2.35.53_PM.png

图3-27：http://www.designboom.com/wp-content/gallery/lighting-design-collective-silo-468/g1.jpg

图3-28：http://www.ldcol.com/wp-content/uploads/SILO468_4_low.jpg

图3-29：http://www.ldcol.com/wp-content/uploads/SILO468_2_low.jpg

图3-30：作者自绘，底图来源于Google Earth

图3-31：https://farm1.staticflickr.com/23/34328879_b1e89ddbc3_b.jpg

图3-32：http://www.industrie-ikonen.de/downloads/desktops/Gasometer%20-%20Oberhausen.jpg

图3-33：作者自摄

图3-34：作者自摄

图3-35：作者自绘，底图来源于Google Earth

图3-36：Google地图街景截图

图3-37：http://aurevoirparis.com/wp-content/uploads/2015/06/Allezup-3.jpg

图3-38：http://mazrou.com/wp-content/uploads/2016/07/c-Allez-Up.jpg

图3-39：http://images.adsttc.com/media/images/5302/2e3f/e8e4/4ec4/9000/0019/large_jpg/1117-01_07_sc_v2com.jpg?1392651834

图3-40：作者自绘，底图来源于Google Earth

图3-41：https://c1.staticflickr.com/4/3827/11202577935_ae8b0f4194_b.jpg

图3-42：作者自摄

图3-43：作者自绘，底图来源于Google Earth

图3-44：https://roadtrippers.com/places/30724/photos/319718677

图3-45：https://s3-media1.fl.yelpcdn.com/bphoto/9X-G1vpMJ3ODeSMSh6i9cA/o.jpg

图3-46：https://s3-media2.fl.yelpcdn.com/bphoto/NX0HYMHIUkO4WxO8tp7kyQ/o.jpg

图3-47：https://s3-media4.fl.yelpcdn.com/bphoto/JmZNbXBpwnTxzNrgPuHX1Q/o.jpg

图3-48：作者自绘，底图来源于Google Earth

图3-49：http://cdnimd.worldarchitecture.org/extupload/2mv.jpg

图3-50：http://www.jjw.dk/wp-content/uploads/2011/09/04-byggeplads-2.jpg

图3-51：https://upload.wikimedia.org/wikipedia/commons/f/f6/Gemini_Residence,_Islands_Brygge,_Copenhagen.jpg

图3-52：https://s-media-cache-ak0.pinimg.com/564x/6c/eb/96/6ceb96717f9b2bae5c1e318718c5cfa4.jpg

图3-53：http://cdnimd.worldarchitecture.org/extupload/5mv.jpg

图3-54：http://www.jjw.dk/wp-content/uploads/2011/09/07-altaner-683x1024.jpg

图3-55：作者自绘，底图来源于Google Earth

图3-56：http://farm4.staticflickr.com/3070/2362977644_e4c8621a5b_z.jpg

图3-57：http://farm6.staticflickr.com/5514/10375861765_e017fb9eb0_z.jpg

图3-58：作者自绘，底图来源于Google Earth

图3-59：http://maparchitecture.com.au/wordpress/wp-content/uploads/2014/03/AAP7732-1024x719.jpg

图3-60：http://maparchitecture.com.au/wordpress/wp-content/uploads/2014/03/AAP6427.jpg

图3-61：http://maparchitecture.com.au/wordpress/wp-content/uploads/2014/03/10_Islington-Silos_Penthouse-Sunset-View-1024x719.jpg

图3-62：http://maparchitecture.com.au/wordpress/wp-content/uploads/2014/03/AAP6287-1024x719.jpg

图3-63：作者自绘，底图来源于Google Earth

图3-64：http://www.dac.dk/Images/img/1920x1200M/(27277)/27277/08.jpg

图3-65：http://www.dac.dk/Images/img/1920x1200M/(27280)/27280/05.jpg

图3-66：作者自绘，底图来源于Google Earth

图3-67：http://www.facetarchitecture.com/2014-09%20Mill%20Junction.jpg

图3-68：http://www.livinspaces.net/wp-content/uploads/2016/09/milljunction-interior2.jpg

图3-69：作者自绘，底图来源于Google Earth

图3-70：https://www.theclio.com/web/ul/387.49357.jpg

图3-71：https://www.theclio.com/web/ul/387.49358.jpg

图3-72：http://photos.metrojacksonville.com/photos/592005406_DJZ8S-M.jpg

图3-73：http://i18.photobucket.com/albums/b115/kaelinnb/QuakerSquare/100_3837.jpg

图3-74：作者自绘，底图来源于Google Earth

图3-75：http://inhabitat.com/wp-content/blogs.dir/1/files/2013/03/Gr%C3%BCnerl%C3%B8kka-Studenthus-1.jpeg

图3-76：http://inhabitat.com/wp-content/blogs.dir/1/files/2013/03/Gr%C3%BCnerl%C3%B8kka-Studenthus-5.jpeg

图3-77：作者自绘，底图来源于Google Earth

图3-78：http://www.tocci.com/wp-content/uploads/2015/09/Gasometer_city.jpg

图3-79：http://thespaces.com/wp-content/uploads/2015/07/Gasometers-top.jpg

图3-80：作者自绘，底图来源于Google Earth

图3-81：作者自摄

图3-82：作者自绘

图3-83：http://www.nbyh.info/Item.aspx?id=17331

图3-84：作者自摄

图3-85：作者自绘

图4-1：作者根据技术资料自绘

图4-2：蒋滢. 麦仓顶的工作室——源计划（建筑）工作室改造[J]. 城市环境设计，2014，8（4）：180-185

图4-3：作者自绘

图4-4：作者自绘

图4-5：https://kittenofdoom.files.wordpress.com/2011/05/islington_floorplans_silo01.jpg

图4-6：https://kittenofdoom.files.wordpress.com/2011/05/islington_floorplans_silo02.jpg

图4-7：http://www.dac.dk/Images/img/1920x1200M/(27273)/27273/12.jpg

图4-8：https://www.uakron.edu/reslife/halls/images/QSI%20A-4.pdf

图4-9：作者自绘

图4-10：作者自绘

图4-11：http://www.boydandogier.com/wp-content/uploads/2014/03/20140302-074544.jpg

图4-12：http://www.elle.co.za/wp-content/uploads/2016/02/Zeitz-MOCAA-Gala.jpg

图4-13：http://blog.xoevents.travel/wp-content/uploads/2014/07/mocaa2.jpg

图4-14：http://blog.xoevents.travel/wp-content/uploads/2014/07/mocaa3.jpg

图4-15：作者自绘，底图来源于Google Earth

图4-16：http://www.knooppuntenvanzachteinfrastructuur.nl/wp-content/uploads/P1010539.jpg

图4-17：http://www.ideamsg.com/2011/02/the-silo-competition/

图4-18：http://www.ideamsg.com/2011/02/the-silo-competition/

图4-19：作者自绘，底图来源于Google Earth

图4-20：http://images.adsttc.com/media/images/5009/30b2/28ba/0d27/a700/1d36/large_jpg/stringio.jpg?1414019488

图4-21：http://images.adsttc.com/media/images/5009/310f/28ba/0d27/a700/1d4b/large_jpg/stringio.jpg?1414019528

图4-22：http://images.adsttc.com/media/images/5009/30c3/28ba/0d27/a700/1d39/large_jpg/stringio.jpg?1414019496

图4-23：http://images.adsttc.com/media/images/5009/3006/28ba/0d27/a700/1d1d/large_jpg/stringio.jpg?1414019429

图4-24：http://images.adsttc.com/media/images/5009/3013/28ba/0d27/a700/1d1f/large_jpg/stringio.jpg?1414019446

图4-25：http://i1.wp.com/www10.aeccafe.com/blogs/arch-showcase/files/2011/10/SLOBYG44_rev.jpg?resize=419%2C600

图4-26：作者自绘，底图来源于Google Earth

图4-27：http://static1.squarespace.com/static/5416d52ce4b037d2d584190d/5425288ce4b062fcf1a2a62f/5425288de4b070e908061221/1411721358048/Sinsen-web2.jpg?format=1000w

图4-28：http://krogsveen.no/var/krogsveen/storage/images/itmobjects/622723542/pict/620775440_main_full.jpg

图4-29：http://www.ifi.no/sinsen-02-jpg?pid=Native-ContentFile-File&r_n_d=1561041_&adjust=1&y=865&from=0&q=80

图4-30：http://nordiceasy.com/webpagebuilder/cropped_images/pid_2804_gallery_2132334_1280.jpeg

图4-31：http://www.arkitekturbilleder.dk/assets/images/cache/resizer.php?imgfile=http://www.arkitekturbilleder.dk/images/921i7-1409486692.jpg&max_width=700

图4-32：http://www.buildingbutler.com/images/gallery/large/building-facades-6757-29072.jpg

图4-33：http://images.adsttc.com/media/images/5192/98ae/b3fc/4bd6/7500/0003/large_jpg/BS25_bird's_eye_view.jpg?1368561824

图4-34：http://aronsengelauff.nl/aeng/wp-content/uploads/2012/06/Silos-0151.jpg

图4-35：http://aronsengelauff.nl/aeng/wp-content/uploads/2012/06/Silos-0101.jpg

图4-36：作者自绘，底图来源于Google Earth

图4-37：http://www.kanaal.be/media/32481/overviewkanaal.jpg

图4-38：http://www.kanaal.be/media/56618/kanaalstreetview.jpg

图4-39：http://www.kanaal.be/media/56618/kanaalstreetview.jpg

图4-40：http://www.kanaal.be/umbraco/imageGen.aspx?image=/media/62315/DA8A9635.jpg&width=700&constrain=true

图4-41：http://www.kanaal.be/en/plans/silos/17_41

图4-42：http://www.kanaal.be/en/plans/silos/17_51

图4-43：作者自绘，底图来源于Google Earth

图4-44：https://upload.wikimedia.org/wikipedia/commons/1/11/Cargill_Pool_Grain_Elevator,_Buffalo,_NY_2011.jpg

图4-45：https://upload.wikimedia.org/wikipedia/commons/9/9e/Silo_Point_Baltimore_MD_Dec_11.JPG

图4-46：http://imagescdn.gabriels.net/reno/imagereader.aspx?imageurl=http%3A//m.sothebysrealty.com/236i0/mekc3m2zjav647ah7sqj1aqzd1i&idclient=180&idlisting=180-l-4828-34x2sj&permitphotoenlargement=false&w=1600

图4-47：http://assets.inhabitat.com/wp-content/blogs.dir/1/files/2016/01/Lobby-Exterior.jpg

图4-48：作者自绘，底图来源于Google Earth

图4-49：http://images.adsttc.com/media/images/5192/98cb/b3fc/4b37/4100/0003/large_jpg/BS25-location.jpg?1368561864

图4-50：http://images.adsttc.com/media/images/5192/98ad/b3fc/4bc9/6a00/0002/large_jpg/BS25_front_view.jpg?1368561821

图4-51：http://images.adsttc.com/media/images/5192/98e7/b3fc/4b37/4100/0005/large_jpg/schems_of_function.jpg?1368561890

图4-52：http://images.adsttc.com/media/images/5192/98e7/b3fc/4b37/4100/0005/large_jpg/schems_of_function.jpg?1368561890

图4-53：http://images.adsttc.com/media/images/5192/9900/b3fc/4bc9/6a00/0005/large_jpg/section-A.jpg?1368561897

图4-54：http://images.adsttc.com/media/images/5192/98c2/b3fc/4b37/4100/0002/large_jpg/BS25_storebord.jpg?1368561847

图5-1：蒋滢. 麦仓顶的工作室——源计划（建筑）工作室改造[J]. 城市环境设计，2014，8(4)：180-185

图5-2：http://www.ricardobofill.com/wp-content/uploads/2015/12/before_ricardo_bofill_taller_arquitectura_56-1440x910.jpg

图5-3：http://s6.sinaimg.cn/large/002wQYlRzy6H7v4ATLDe5

图5-4：http://www.itotii.com/278352.html

图5-5：http://www.itotii.com/278352.html

图5-6：http://www.itotii.com/278352.html

图5-7：http://www.v4.cc/News-297079.html

图5-8：http://www.v4.cc/News-297079.html

图5-9：https://s-media-cache-ak0.pinimg.com/originals/56/a3/fa/56a3fa1a32ac32fa46e0abfda0d3043a.jpg

图5-10：里卡多·波菲，张帆. 水泥工厂的改造[J]. 建筑创作，2008(11)：36-51

图5-11：http://img.fotocommunity.com/silo-16-a23f0a5a-221c-4854-a374-105d36f2ca90.jpg?height=1080

图5-12：http://www.boydandogier.com/wp-content/uploads/2015/07/WF-77-e1436212449625.jpg

图5-13：http://boydandogier.com/wp-content/uploads/2015/07/DSC_0566_1-e1471776947418.jpg

图5-14：http://www.fairbrother.com.au/Project-Images/projects/residential/hobart_silos/Gallery/hobart_silos01.jpg

图5-15：http://farm2.staticflickr.com/1095/5105293435_8b10d773d2_z.jpg

图5-16：作者自绘，底图来源于Google Earth

图5-17：http://www.designboom.com/wp-content/uploads/2014/09/COBE-the-silo-nordhavnen-copenhagen-designboom-01.jpg

图5-18：http://www.designboom.com/wp-content/uploads/2014/09/COBE-the-silo-nordhavnen-copenhagen-designboom-04.jpg

图5-19：https://static.dezeen.com/uploads/2017/06/silo-cobe-architecture-residential-apartments_dezeen_2364_col_0.jpg

图5-20：https://static.dezeen.com/uploads/2017/06/silo-cobe-architecture-residential-apartments_dezeen_2364_col_13.jpg

图5-21：https://static.dezeen.com/uploads/2017/06/silo-cobe-architecture-residential-apartments_dezeen_2364_col_17.jpg

图5-22：https://farm1.static.flickr.com/436/30672435994_82fb38d767_b.jpg

图5-23：http://images.adsttc.com.qtlcn.com/media/images/5009/3091/28ba/0d27/a700/1d31/

large_jpg/stringio.jpg?1414019478

图5-24：http://static1.squarespace.com/static/5403abbfe4b072d122d1e949/5775ca7a20099e7221f2b2c2/5775ca7a15d5dbdb24e5bf0b/1467870648478/Unknown-2.jpeg

图5-25：https://c1.staticflickr.com/7/6228/6227228845_7da92c6dca_b.jpg

图5-26：http://maparchitecture.com.au/wordpress/wp-content/uploads/2014/03/AAP6357.jpg

图5-27：http://summerhillflourmill.com.au/wp-content/uploads/2016/09/Summer-Hill_Living_Drum_Silos_750.jpg

图5-28：http://www.guangxinhongye.com/cyy/images/5771_3.jpg

图5-29：http://www.ldcol.com/wp-content/uploads/silo4681.jpg

图5-30：http://www.archdaily.com/298912/silo-468-lighting-design-collective/

图5-31：http://xdga.be/wp-content/uploads/2015/03/%C2%B4HOOGTE-PUBLIEK-PLEIN1.jpg

图5-32：http://xdga.be/wp-content/uploads/2013/11/149_6_Silos-Tweewaters_Parthesius130827PAR_1467.jpg

图5-33：http://xdga.be/wp-content/uploads/2013/11/149_7_Silos-Tweewaters_Parthesius130827PAR_1465.jpg

图5-34：http://www.ideamsg.com/wp-content/uploads/2011/02/the-silo-9.jpg

图5-35：http://www.ideamsg.com/wp-content/uploads/2011/02/the-silo-17.jpg

参考文献

[1] 戴则祐. 粮食厂仓建筑概论 [M]. 北京：中国商业出版社，1986.

[2] 刘志云，唐福元，程绪铎. 我国筒仓与房式仓的储粮特征与区域适宜性评估 [J]. 粮油仓储科技通讯，2011 (2)：7-9.

[3] 付建宝. 大直径筒仓的侧压力分析与筒仓地基三维固结分析 [D]. 大连理工大学，2012.

[4] 赵思孟. 美国粮仓工业简述 [J]. 郑州粮食学院学报，1983 (1)：48-53.

[5] 赵思孟. 加拿大粮仓工业概述 [J]. 郑州粮食学院学报，1984 (4)：31-36.

[6] 程瑜. 钢筋混凝土立筒仓结构抗震分析 [D]. 河南工业大学，2010.

[7] 陆永年. 我国粮食立筒仓的发展梗概 [J]. 河南工业大学学报，1984，5(2): 49-57.

[8]《杭州市粮食志》编纂领导小组. 杭州粮食志 [M]. 杭州：杭州大学出版社，1994.

[9] 周留才. 超大型筒仓的发展及其在火电厂的应用 [J]. 华北电力技术，1999，29(3): 36-38.

[10] 王飞生. 粮仓历史浅说 [J]. 四川粮油科技，2001 (2)：20-22.

[11] 邓力群等. 当代中国的粮食工作 [M]. 北京：中国社会科学出版社，1988.

[12] 刘抚英，蒋亚静，文旭涛. 浙江省近现代水利工程工业遗产调查 [J]. 工业建筑，2016，46 (2)：13-17, 22.

[13] 刘抚英，蒋亚静，陈易. 浙江省近现代工业遗产考察研究 [J]. 建筑学报，2016 (2)：5-9.

[14] 商业部粮食局. 土圆仓 [M]. 北京：中国建筑工业出版社，1974.

[15] 刘伯英. 工业建筑遗产保护发展综述 [J]. 建筑学报，2012 (1)：12-17.

[16] 刘伯英，李匡. 北京工业遗产评价办法初探 [J]. 建筑学报，2008 (12)：10-13.

[17] 崔卫华，杜静. CVM在工业遗产价值评价领域的应用——以辽宁为例 [J]. 城市，2011 (2)：35-39.

[18] 韩福文，佟玉权，张丽. 东北地区工业遗产旅游价值评价——以大连市近现代工业遗产为例 [J]. 城市发展研究，2010，17 (5)：114-119.

[19] 刘凤凌，褚冬竹. 三线建设时期重庆工业遗产价值评估体系与方法初探 [J]. 工业建筑，2011，41 (11)：54-59.

[20] 刘抚英. 我国近现代工业遗产分类体系研究 [J]. 城市发展研究, 2015, 22 (11): 64-71.

[21] 段正励, 刘抚英. 杭州市工业遗产综合信息数据库构建研究 [J]. 建筑学报, 2013, S (2)(总第10期): 45-48.

[22] 吴葱, 梁哲. 建筑遗产测绘记录中的信息管理问题[J]. 建筑学报, 2007 (5): 12-14.

[23] 刘抚英. 工业遗产保护与再利用模式谱系研究——基于尺度层级结构视角 [J]. 城市规划, 2016, 40 (9): 84-96, 112.

[24] 里卡多 · 波菲, 张帆. 水泥工厂的改造 [J]. 建筑创作, 2008 (11): 36-51.

[25] 里卡多·波菲, 尚晋. 里卡多·波菲建筑师事务所, 巴塞罗那, 西班牙 [J]. 世界建筑, 2015 (4): 86-93.

[26] 左琰, 王伦. 工业构筑物的保护与利用——以水泥厂筒仓改造为例 [J]. 城市建筑, 2012 (3): 37-38.

[27] 蒋滢. 麦仓顶的工作室——源计划 (建筑) 工作室改造 [J]. 城市环境设计, 2014, 8 (4): 180-185.

[28] DAS SILO - EIN ABBILD DER ARBEITSWELT [EB/OL]. [2016-10-26]. http://www.cube-magazin.de/hamburg/oeffentliche_gebauede_architektur/das-silo-ein-abbild-der-arbeitswelt.html.

[29] Das Silo [EB/OL]. [2016-10-26]. http://das-silo.de/angebot/.

[30] Portland Towers [EB/OL]. [2016-10-12]. http://www.ncc.dk/ledige-lokaler/sog-ledige-erhvervslokaler/sjalland/copenhagen-port-company-house/.

[31] Standardernes Hus i Portland Towers Company House, Nordhavn [EB/OL]. [2016-10-12]. http://www.byensnetvaerk.dk/da-dk/arrangementer/2015/standardernes-hus-i-portland-towers-company-house.aspx.

[32] Stormsikret grønt tag på Portland Towers [EB/OL]. (2015-10-22) [2016-10-12]. http://www.building-supply.dk/announcement/view/52553/stormsikret_gront_tag_pa_portland_towers#.WACcJfl97IV.

[33] 维基百科https://en.wikipedia.org/wiki/Portland_Towers.

[34] Ikoniske kontorsiloer i Nordhavn er tæt på at være færdigudlejede [EB/OL]. (2017-01-24) [2017-02-10]. http://ejendomswatch.dk/Ejendomsnyt/Projektudvikling/article9314138.ece.

[35] Zeitz Museum of Contemporary Art [EB/OL]. http://www.expatcapetown.com/zeitz-museum.html, 2016-9-27.

[36] The Zeitz MOCAA Cape Town [EB/OL]. http://www.culturebrand.org/?p=1432，2016-8-17.

[37] http://www.inexhibit.com/case-studies/cape-town-zeitz-mocaa-museum-art-africa/.

[38] The Zeitz MOCAA Cape Town [EB/OL]. http://www.culturebrand.org/?p=1432, 2016-9-29.

[39] http://www.capechameleon.co.za/2014/08/zeitz-mocaa-gallery.

[40] 筑龙建筑师网 http://news.zhulong.com/read168463.htm.

[41] Silo 468 / Lighting Design Collective [EB/OL].（2012-11-28）[2016-10-22]. http://www.archdaily.com/298912/silo-468-lighting-design-collective.

[42] Silo 468 [EB/OL]. [2016-10-22]. http://openbuildings.com/buildings/silo-468-profile-44722.

[43] Bridgette Meinhold, Silo 468 is a Wind-Controlled LED Light Installation in an Abandoned Helsinki Oil Silo [EB/OL].（2012-11-16）[2017-02-13]. http://inhabitat.com/silo-468-is-a-wind-controlled-led-light-installation-in-an-abandoned-helsinki-oil-silo/.

[44] Silo 468 [EB/OL]. [2017-02-14]. http://architizer.com/projects/silo-468/.

[45] Silo 468 [EB/OL].（2012-09-19）[2017-02-13]. http://tecnecollective.com/portfolio/silo468.

[46] 维基百科https://de.wikipedia.org/wiki/Gasometer_Oberhausen.

[47] Industriedenkmäler Gasometer [EB/OL]. [2017-02-17]. https://www.uni-due.de/~gpo202/denkmal/gasometer.htm.

[48] 栗德祥. 欧洲城市生态建设考察实录 [M]. 北京：中国建筑工业出版社，2011.

[49] 刘抚英，邹涛，栗德祥. 德国鲁尔区工业遗产保护与再利用对策考察研究 [J]. 世界建筑，2007（7）：120-123.

[50] The Redpath Sugar Refinery [EB/OL]. [2017-03-01]. http://www.mybis.net/itp/Montreal/html/sthenri56.php.

[51] Daniel Smith, Karine Renaud, Anik Malderis, Tienne Penault, Cindy Neveu, Mélanie Quesnel, Stéphan Vigeant, Stéphane Brugger. 废弃筒仓变身攀岩健身房——蒙特利尔Allez-Up攀岩健身房 [J]. 设计家，2014（6）：104-107.

[52] Allez UP Rock Climbing Gym/Smith Vigeant Architectes [EB/OL].（2014-02-19）[2016-10-30]. http://www.archdaily.com/477963/a.

[53] llez-up-rock-climbing-gym-smith-vigeant-architectes.

[54] 夏天. 向上的力量——Allez_Up攀岩训练中心 [J]. 室内设计与装修，2004（7）：16-17.

[55] DickNieuwendyk, Redpath Sugar – Then & Now Montreal [EB/OL]. [2017-03-01]. http://mtltimes.ca/redpath-sugar-then-now-montreal/.

[56] 刘抚英，邹涛，栗德祥. 后工业景观公园的典范——德国鲁尔区北杜伊斯堡景观公园考察研究 [J]. 华中建筑，2007，25（11）：77-84.

[57] The giant storage vessel [EB/OL]. [2017-03-02]. http://en.landschaftspark.de/the-park/gasometer/history.

[58] DerTauchgasometer [EB/OL]. [2017-03-02]. http://www.tauchundnaturfreund.de/ubersicht/begleitung/gasometer/gasometer.html.

[59] Tauchrevier Gasometer [EB/OL]. [2017-03-02]. http://www.unterwasserwelt.de/html/tauchgasometer_duisburg.html.

[60] Recommended Reviews for TauchRevier Gasometer [EB/OL].（2011-12-23）[2017-03-02]. https://www.yelp.com/biz/tauchrevier-gasometer-duisburg.

[61] Tauchrevier Gasometer [EB/OL]. [2017-03-02]. http://www.esox-dive.de/Events/Gasometer_2010.html.

[62] The silo [EB/OL]. [2017-03-10]. http://www.lewistonsilo.com/history/.

[63] Ice jam of 1938 [EB/OL]. [2017-03-10]. http://www.lewistonsilo.com/ice-jam-of-1938/.

[64] MVRDV. 弗洛兹洛双子星住宅大楼 [J]. El CROQUIS建筑素描，2014（2）：54-67.

[65] Frøsilo lakóegyüttes, Koppenhága - MVRDV [EB/OL].（2015-08-17）. http://tarsas2010.blog.hu/2015/08/17/fr_silo_koppenhaga_mvrdv.

[66] WENNBERG SILO [EB/OL]. [2016-10-17]. http://www.dac.dk/en/dac-life/copenhagen-x-galleri/cases/wennberg-silo/.

[67] https://en.wikipedia.org/wiki/Gemini_Residence.

[68] Gemini Residences, Frøsilo [EB/OL]. [2010-10-20]. http://www.architecturenewsplus.com/projects/137.

[69] FRØSILIO [EB/OL]. [2010-10-20]. https://www.mvrdv.nl/zh/projects/frosilio.

[70] Frøsilos [EB/OL]. [2010-10-20]. http://www.architravel.com/architravel/building/frosilos/frosilos_1/.

[71] Frøsilos [EB/OL]. [2010-10-20]. http://www.architravel.com/architravel/building/frosilos/frosilos_1/.

[72] Hobart Silo [EB/OL]. [2016-10-10]. http://www.fairbrother.com.au/project/hobart-silos/.

[73] Silo apartments [EB/OL]. [2016-04-28] https://www.emporis.com/buildings/176376/silo-apartments-hobart-australia.

[74] Islington Silo [EB/OL]. [2017-04-20]. http://www.melbournerealestate.com.au/wp-content/uploads/2014/08/Silos-Residents-Manual.pdf.

[75] Islington silo [EB/OL]. [2016-10-09]. http://www.melbournerealestate.com.au/islington-silos/.

[76] Islington Silos [EB/OL]. [2016-10-09]. <https://www.facebook.com/media/set/?set=a.10150156105168557.291374.323329798556&type=3>.

[77] WENNBERG SILO [EB/OL]. [2016-10-17]. http://www.dac.dk/en/dac-life/copenhagen-x-galleri/cases/wennberg-silo/.

[78] Marco S. Mill Junction [EB/OL]. (2014-05-14) [2016-10-08]. http://www.domusweb.it/en/architecture/2014/05/13/mill_junction.html.

[79] Container City [EB/OL]. (2014-02-24)[2016-10-08]. http://www.metropolismag.com/Point-of-View/February-2014/Container-City/.

[80] Anita B. Quaker Square [EB/OL]. (2013-12-02) [2016-10-22]. https://www.theclio.com/web/entry?id=387.

[81] Karen S. A silo with a view: inside the Quaker Square inn [EB/OL]. (2011-07-13) [2016-10-22]. http://www.saveur.com/article/Travels/A-Silo-with-a-View-Quaker-Square-Inn.

[82] Anita B. Quaker Square [EB/OL]. (2013-12-02) [2016-10-22]. https://www.theclio.com/web/entry?id=387.

[83] Grünerløkka studenthus [EB/OL]. [2016-10-27]. https://no.wikipedia.org/wiki/Gr%C3%BCnerl%C3%B8kka_studenthu.

[84] Mark B. Oslo's Grünerløkka Studenthus is a Student Housing Complex Located in a Former Grain Elevator [EB/OL]. (2013-03-19) [2016-10-27]. http://inhabitat.com/oslos-grunerlokka-studenthus-is-a-student-housing-complex-located-in-a-former-grain-elevator/.

[85] Grünerløkka studenthus [EB/OL]. [2016-10-27]. https://no.wikipedia.org/wiki/Gr%C3%BCnerl%C3%B8kka_studenthus.

[86] 邓雪娴, 变废为宝——旧建筑的开发利用 [J]. 世界建筑，2012 (12): 63-65.

[87] 杨曦. 旧工业建筑的改造与可持续发展策略分析——以维也纳煤气罐新城改造项目为例 [J]. 四川建筑科学研究，2015，41 (5): 123-126.

[88] 冯阳. 相得益彰——维也纳煤气罐新城设计观感 [J]. 南京艺术学院学报，2007 (4): 179-182.

[89] 高震. 旧建筑更新改造中镶嵌式设计手法研究 [D]. 沈阳建筑大学，2012.

[90] THE GASOMETER CITY VIENNA: SIMMERING' S NEW & OLD ATTRACTION [EB/OL]. [2017-02-26]. http://www.tourmycountry.com/austria/gasometer-city.htm.

[91] 沈磊，陈梅. 宁波太丰面粉厂改造竞赛 [J]. 建筑学报，2006 (9) : 31-34.

[92] 刘抚英，崔力. 旧工业建筑空间更新模式 [J]. 华中建筑，2009，27 (3): 194-197.

[93] 旧筒仓改造-NL architects [EB/OL]. (2011-02-04) [2016-10-26]. http://www.ideamsg.com/2011/02/the-silo-competition/.

[94] Siloetten / C. F. Møller Architects + Christian Carlsen Arkitektfirma [EB/OL]. (2010-06-17) [2016-10-24]. http://www.archdaily.com/64519/siloettenthe-silohouette-c-f-m%C3%B8ller-architects-in-collaboration-with-christian-carlsen-arkitektfirma/.

[95] Silo's [EB/OL]. [2016-04-22]. http://www.kanaal.be/en/living/silos.

[96] SHEEHAN K. $400-million adaptive reuse project converts grain silo into condos [J]. Multi - Housing News, 2007, 42(7): 8.

[97] STEELE J. Industrial chic [J]. Multi - Housing News, 2009, 44(5): 16-18.

[98] CHRISTOPHER P. An industrial - strength renovation [EB/OL]. [2016-09-02]. http://www.silopoint.com/press/ silopoint_blueprints.pdf.

[99] Alison F. BS25' Silos - Diving and Indoor Skydiving Center Proposal / Moko Architects [EB/OL]. (2013-05-15) [2016-10-24]. http://www.archdaily.com/372665/bs25-silos-diving-and-indoor-skydiving-center-proposal-moko-architects.

[100] Sarah Khan, Thomas Heatherwick Designs South Africa's Newest Art Museum [EB/OL]. (2015-05-31) [2017-02-12]. http://www.architecturaldigest.com/story/thomas-heatherwick-zeitz-mocaa.

[101] Heatherwick studio. Zeitz MOCAA [EB/OL]. http://www.heatherwick.com/zeitz-mocaa/.

[102] [英] 肯尼斯 · 鲍威尔. 旧建筑改建与重建 [M]. 于馨，杨智敏，译. 大连：大连理工大学出版社，2001.

[103] Kirsten J. Robinson. 探索中的德国鲁尔区城市生态系统：实施战略 [J]. 王洪辉译. 国外城市规划，2003（6）：3-25.

[104] 柯亚莉. 城市涂鸦艺术初探 [D]. 重庆大学，2008.

[105] 庄剑."涂鸦"在城市公共空间景观设计中的运用 [D]. 南京林业大学，2012.

[106] 李焕翱，罗凯婷. 浅析涂鸦艺术的色彩特点与色彩心理 [J]. 艺术与设计(理论)，2011（12）：150-152.

[107] 郑佳. 涂鸦艺术在LOFT中的研究 [D]. 西安建筑科技大学，2013.

[108] 刘抚英. 绿色建筑设计策略 [M]. 北京：中国建筑工业出版社，2013.

[109] 刘抚英. 建筑遮阳体系与外遮阳建筑一体化形式谱系 [J]. 新建筑，2013（4）：44-46.

[110] Alyn Griffiths, COBE transforms Copenhagen grain silo into apartment block with faceted facades [EB/OL].（2017-06-28）[2017-06-28]. https://www.dezeen.com/2017/06/28/cobe-transforms-copenhagen-grain-silo-apartment-block-faceted-facades/.

[111] THE SILO BY COBE [EB/OL]. [2016-10-08]. http://worldarchitecture.org/authors-links/cppvf/the-silo-by-cobe.html.

[112] 凤凰空间·北京. 建筑立面材料语言——像素墙 [M]. 南京：江苏人民出版社，2012.